LA RECONSTITUTION

DU

Vignoble Bourbonnais

PAR

J. BEAUMONT

Horticulteur à Bellenaves (Allier)

Lauréat des Cours d'arboriculture du département de la Seine
Diplômé de l'École d'Horticulture et de Pomologie
de Stuttgart (Wurtemberg)

———

Prix : 40 Centimes

———

MOULINS

CRÉPIN-LEBLOND, IMPRIMEUR-ÉDITEUR
Avenue de la Gare, 14

———

1899

LA RECONSTITUTION
DU VIGNOBLE BOURBONNAIS

LA RECONSTITUTION

DU

Vignoble bourbonnais

PAR

J. BEAUMONT

Horticulteur à Bellenaves (Allier)

Lauréat des Cours d'arboriculture du département de la Seine
Diplômé de l'Ecole d'Horticulture et de Pomologie
de Stuttgart (Wurtemberg)

MOULINS

CRÉPIN-LEBLOND, IMPRIMEUR-ÉDITEUR

Avenue de la Gare. 14

1899

AVANT-PROPOS

———

Nous vivons à une époque où, plus que jamais, l'argent est nécessaire.

Le luxe est partout, le désir de bien vivre et de peu travailler font délaisser la culture, les villes, les grandes administrations des Etats, enlevant des quantités considérables de bras à l'agriculture, et la consommation des produits agricoles augmentant chaque jour, il faut que les cultivateurs restent fidèles à leur terre, fassent produire beaucoup plus que ne faisaient produire leurs pères.

Si, cependant, il n'y avait pas d'entraves dans la marche des récoltes, avec la science actuelle, l'invention des machines, le perfectionnement des semences et des variétés de toutes espèces de plantes, on vivrait encore de beaux jours à la campagne ; mais il y a, à côté de la volonté et du savoir humain qui n'auraient pas de limites, une autre volonté opposée à notre progrès, une volonté qui force l'homme à travailler toujours, et toujours plus.

Devant cela, il nous reste à méditer la parole de Dieu, maudissant l'homme, et lui disant : « La terre ne te donnera que des ronces et des épines, si tu ne la travailles pas. » Et nous devons travailler, non seulement de nos bras, mais encore

de notre entendement si nous voulons résister aux
épreuves que nous envoie l'Éternel.

En viticulture, plus qu'en aucune autre science,
tous nous avons besoin d'aide, tous nous avons
besoin, à l'heure où tant de fléaux s'abattent sur
nos vignes, de connaître les expériences qui se
sont faites dans les pays, où les maux qui ne
font que nous atteindre actuellement, sont déjà
anciens.

Je sais bien que ce ne sont pas les ouvrages sur
cette matière qui manquent, et je serais singuliè-
ment téméraire et présomptueux de prétendre que
tout ce que je dis dans ce petit travail, n'a pas
déjà été dit et mieux dit par des gens plus com-
pétents que moi.

Seulement, pour qu'une idée pénètre bien dans
la masse, elle n'est jamais assez redite ; ce n'est
qu'en entendant répéter souvent les mêmes choses, qu'on les retient bien, et actuellement en
viticulture, on est bien novice en nos pays. Je le
constate, par la naïveté avec laquelle le plus
grand nombre de nos vignerons parlent de la
vigne américaine. Ils ne savent pas encore, mais
ne demandent qu'à savoir, et Dieu merci, avec la
volonté et l'esprit de travail qui animent nos
bonnes populations de la campagne, ces populations honnêtes qui restent là, trésorières du
monde, les nouvelles méthodes seront bientôt
répandues dans notre région et se perpétueront,
de père en fils, comme les méthodes séculaires, que
le phylloxéra détruit actuellement, s'étaient per-
pétuées autrefois.

Je suis bien heureux de donner, au début de la
reconstitution de notre vignoble, quelques conseils
que j'ai reçus moi-même, dans les pays que j'ai par-
courus depuis une vingtaine d'années et dont
j'ai suivi la reconstitution avec le plus grand
intérêt. J'en suis d'autant plus heureux que

j'aime nos campagnes où je suis né et où je suis
fier de vivre, et que je voudrais les voir riches et
heureuses autant que le méritent l'honnêteté et les
qualités de tous ceux qui y restent et ne sont
pas attirés par la fascination du farniente des
villes ou des administrations.

L'agriculteur est le seul homme indispensable
au monde.

LA RECONSTITUTION

DU

VIGNOBLE BOURBONNAIS

I. Urgence de faire de la viticulture sur de nouvelles bases.

Notre pays, pour n'être pas essentiellement viticole, n'en doit pas moins une grande partie de sa prospérité à la vigne.

Une grande étendue de nos coteaux est, depuis un temps immémorial, couverte du précieux arbrisseau, et nos vins de Saint-Pourçain, Chantelle, Bellenaves, Domérat, Les Creuziers, etc., jouissent d'une excellente réputation, se vendent fort bien et, par cela même, font vivre de nombreux habitants et augmentent de beaucoup la richesse du département.

Ce serait donc une impardonnable négligence que de laisser tomber en ruine une aussi notable partie de notre fortune. Et nous y arriverions vite si nous continuüons à consacrer à la vigne la même culture que, depuis des siècles, nous lui appliquons.

Depuis vingt ans, cette branche impor- tante de l'agriculture nationale a traversé bien des crises, a été en butte à bien des fléaux, mais, Dieu aidant, nous pouvons encore porter un remède à la situation présente.

Les vignobles du Midi ont tous, ou à peu près tous, été détruits par le phylloxéra. Ce néfaste puceron a dès longtemps fait son apparition chez nous, et, quoique plus len- tement qu'ailleurs, il poursuit non moins sûrement son œuvre destructrice.

Chaque année, on constate de nouvelles taches. L'arrondissement de Montluçon a ses vignobles presque détruits ; presque toutes les communes viticoles des arrondissements de Gannat, de Moulins et de Lapalisse sont atteintes. Il est donc grandement temps de s'occuper sérieusement de remédier à cette situation.

Cependant, nos vignerons, à quelques exceptions près, ne se préoccupent pas encore de parer au fléau. Malgré les conseils répétés qui leur ont été donnés, ils s'attardent avec une coupable nonchalance à croire que le malin parasite les ménagera ; bien mieux, beaucoup plantent encore des plants français.

Il n'y a pourtant aucun doute possible :

nos vignes françaises périront toutes. Quand seront-elles toutes mortes ? Nul ne saurait le dire d'une manière précise ; peut-être dans trois, cinq ou dix ans, mais sûrement elles en arriveront là où elles en sont arrivées dans le Midi et ailleurs.

Alors, les vignerons incrédules qui plantent encore en plants français auront double perte : leurs vignes, après plusieurs années de culture et de frais, devront être arrachées sans avoir rien produit, pour faire place au plant américain, porte-greffe de nos meilleures variétés françaises, le seul plant de l'avenir.

Dans la lutte que le commerce des vins français est appelé à soutenir sur les marchés du monde avec les produits de l'Espagne, de l'Italie, de la Hongrie, de la Russie, — tous pays qui ont profité du désarroi causé en France par la destruction de notre vignoble — il faudra que le vigneron change complètement son système de culture et adopte un système intensif et raisonné, lui permettant d'obtenir de bons produits à un prix de revient aussi réduit que possible.

Dans l'état actuel des choses, les bons cépages français greffés sur plants américains vigoureux et plantés à des distances permettant un labour facile, sont, de l'avis unanime des maîtres de la viticulture, les seuls avec lesquels on atteindra le résultat

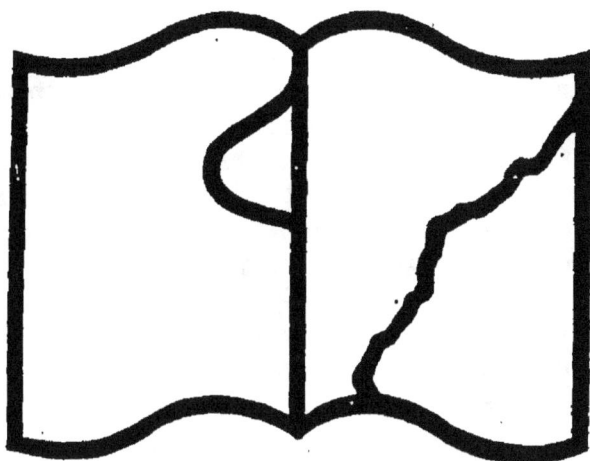

VALABLE POUR TOUT OU PARTIE DU
DOCUMENT REPRODUIT

cherché, si, bien entendu, i's sont cultivés avec tous les perfectionnements modernes.

Il faudra également, dans nos pays, rompre carrément avec la mauvaise habitude que l'on a de p'anter dans les endroits exposés aux gelées de printemps, et abandonner l'habitude du provignage, réformes difficiles à obtenir de vieux vignerons qui, à l'instar de saint Thomas, sont incrédules à l'excès et disent avec assurance : « Patience, tout cela passera ; nous en avons bien vu d'autres, et le temps de nos vignes reviendra ! »

C'est bien beau d'espérer ; mais si les malheureux qui parlent ainsi avaient vu les vignes des pays complètement phylloxérés, leur belle assurance serait vite tombée à plat. Je parle ici des vignerons chez qui le phylloxéra commence seulement à-faire son apparition ; dans les communes où l'on a déjà arraché les vignes, ils comprennent bien toute l'importance du mal, mais la généralité a encore besoin de bien des conseils, pour arriver à faire de la bonne viticulture.

Il faudra enfin abandonner l'idée de combattre le phylloxéra par les insecticides car, outre qu'ils ne sont pas toujours efficaces, ils coûtent cher à employer, — de 200 à 3oo francs par hectare et par an — et encore stérilisent-ils la terre au point qu'il faut de grosses et dispendieuses fumures pour obtenir les petits rendements actuels, qui ne

seraient rémunérateurs que si le vin se
vendait très cher, comme dans les crus
renommés de Bourgogne, de Champagne,
du Bordelais, etc.

II. *De l'autorisation de planter des vignes
américaines.*

Si. au début de l'invasion phylloxérique,
on avait, ainsi que le disent MM. Porte et
Ruyssen dans leur intéressant ouvrage inti-
tulé : *Traité de la vigne et de ses produits*
(Octave Doin, éditeur, place de l'Odéon, à
Paris), appliqué. comme en Italie, en Suisse,
en Russie et en Allemagne, avec une rigueur
draconnienne, les prescriptions qu'avait proposées l'Académie des sciences, on aurait
considérablement atténué les effets de l'invasion. Mais le gouvernement, préoccupé
surtout de ses intérêts politiques, ne prêta
jamais la main à la stricte application de la
loi, et l'exécrable insecte fut répandu, par des
viticulteurs imprudents ou inconscients, aux
quatre coins de notre vignoble.

Bref, actuellement, le mal étant con-
sommé, nous devons le subir ; mais il fau-
drait cependant que puisque, dans tout le
pays, le phylloxéra a fait son apparition, on
puisse planter du plant greffé, afin d'avoir

encore du vin au moment de l'arrachage
complet des vignes françaises.

Pour cela, l'administration devrait prendre des mesures, afin d'encourager ces plantations, tout en les entourant de précautions
assez grandes pour qu'elles ne facilitent point
outre mesure la propagation, par contagion,
du détestable puceron.

Car il n'y a pas à tergiverser : nous devons absolument, pour ne pas nous trouver pris au dépourvu, pour que nous ayons
moins de perte du fait du phylloxéra, planter
immédiatement. Tout retard de notre part
serait une grosse perte.

Plantons dès cette année partout où nous
aurons des terres propices et, quand nous
arracherons nos vieilles vignes phylloxérées,
nous vendangerons toujours, et même davantage.

Plus rien ne s'oppose à ce que nous plantions. Il y a des plants américains partout :
la pépinière départementale, depuis plusieurs
années, en a fourni à tous les viticulteurs, et,
quant à ceux qui s'en procurent autre part,
en ayant recours à la désinfection au sulfocarbonate de potassium à la dose d'un litre
par hectolitre d'eau, ou à l'immersion des
plants, pendant dix minutes, dans de l'eau
chauffée à 50 degrés, ils n'auront aucunement
à redouter l'introduction de l'ennemi dans

ceux de nos vignobles qu'il a respectés jusqu'à ce jour.

Ce serait donc une grosse faute, actuellement, que de continuer à planter de la vigne
française ; il faut à tout prix que les plantations nouvelles soient faites en sujets résis-
tants et non phylloxérés.

III. Comment reconnaît-on qu'une vigne est phylloxérée ?

Le phylloxéra se manifeste par des taches
qui vont en s'élargissant chaque année, à la
façon des taches d'huile.

La première année d'attaque, la vigueur
du plant atteint reste sensiblement la même
qu'auparavant, mais il a une tendance à être
plus fructifère.

La seconde année, il jaunit, rapporte peu,
à moins d'avoir reçu une fumure très co-
pieuse ; il pousse peu et son bois,
même bien sulfaté, ne mûrit qu'imparfaitement.

La troisième année, il pousse des rameaux
sans vigueur, en tête de saule.

Il végète ainsi plusieurs années d'une
végétation irrégulière, un peu plus vigoureux
s'il est bien fumé, mais il finit toujours par
périr.

On peut quelquefois confondre par ces
signes extérieurs une vigne phylloxérée avec
une autre vigne atteinte du « blanc des
racines » ou « pourridié » ; il faut donc,
pour s'assurer de la présence du phylloxéra,
arracher quelques ceps et en examiner les
racines.

Sur les ceps qui sont sérieusement atteints,
toutes les radicelles sont à peu près pour-
ries ; sur ceux qui le sont moins, les radicelles, sous l'influence des piqûres réitérées
de l'insecte, sont couvertes de tubérosités et
de nodosités qui leur donnent l'aspect d'un
chapelet. Pendant l'été, à l'œil nu, on peut,
si on a une vue excellente, distinguer les
phylloxéras, qui ont comme longueur environ un demi-millimètre de long et sont de
couleur jaune (en hiver ils deviennent noirs).
Mais pour être sûr de ne pas se tromper, il
faut employer la loupe ; alors, on distingue
parfaitement l'ennemi.

Dès lors, il n'y a pas à hésiter, il faut
arracher immédiatement les ceps malades,
brûler sur place tout le bois et les racines
et faire une autre culture à leur place pendant deux ou trois ans avant de replanter en
vigne.

Si on a affaire au pourridié, les racines
sont enveloppées de filaments, blancs
dans leur jeune âge, plus ou moins noirs
plus tard, et répandant une forte odeur de

champignon. Il faut également arracher la vigne atteinte de cette autre maladie, en brûler les tiges et les racines, et mettre le terrain ainsi dénudé en culture de céréales. Le pourridié attaquant toutes les p'antes autre que les céréales, il faut donc absolument maintenir des céréales en culture, pendant plusieurs années de suite, à la place d'où l'on veut le faire disparaître.

Dès qu'on s'est aperçu de la présence du phylloxéra dans un vignoble, on peut essayer de retarder l'invasion générale par des traitements au sulfure de carbone ou au sulfo-carbonate de potassium ; on abandonne ce traitement trop coûteux dès que plusieurs taches sont signalées, et l'on arrache pour reconstituer.

IV. De l'adaptation aux so's des divers cépages américains et de leurs hybrides.

Il ne faut pas se dissimuler que la reconstitution de notre vignob'e par le greffage est une véritab'e révolution en viticulture. De routinière qu'était la culture vigneronne, elle devient savante, difficile. Elle ne donne, d'ailleurs, de bons résultats qu'autant qu'elle est bien comprise, que les cépages américains porte-greffes sont aptes à prospérer

2

dans le sol où on les plante, que les variétés
greffées ont une affinité suffisante avec leur
porte-greffe et que rien n'est négligé ni
dans le défonçage du terrain, ni dans les
fumures et autres opérations culturales.

Au début de la reconstitution du vignoble
en France, alors que le nombre des variétés
américaines porte-greffes était restreint, on a
fait bien des écoles. car ces variétés ne
poussaient convenablement que dans des terrains spéciaux et étaient absolument réfractaires dans les autres terrains.

Devant les déboires occasionnés par la
non-adaptation au sol des diverses variétés
employées jusque-là comme porte-greffes,
et aussi dans l'espoir d'obtenir des variétés
qui, tout en résistant au phylloxéra, donneraient, comme nos anciennes vignes françaises, un bon vin. de nombreux chercheurs
se sont mis à l'œuvre. On a exploré les
diverses régions de l'Ancien-Monde où
croissait la vigne sauvage, on a fécondé les
semences, on a fait de nombreux semis et
on a obtenu de superbes résultats dont nous
devons profiter.

Aujourd'hui, toutes les terres, à l'exception
de celles où le calcaire assimilable est par
trop abondant, ont leurs cépages porte-
greffe appropriés, et le temps est peut-être
proche où on aura des hybrides donnant un
vin qui pourra égaler nos vieux vins de
France.

En attendant cet hybride qui supprimerait le greffage, il ne faut pas rester inactifs, et, quoique par les expériences de ceux qui ont planté des vignes américaines avant nous, nous connaissions les espèces qui conviennent à nos sols, il faudra encore faire des essais avec les variétés nouvelles, qui pourraient donner encore de meilleurs résultats que celles déjà connues.

Voici la liste des variétés porte-greffes qui ont été recommandées par M. Jeuffroy en 1898, dans les journaux de l'Allier, avec l'indication des terres qui leur conviennent. Ces variétés sont certainement ce qu'il y a mieux, pour le moment :

TERRAINS RICHES ET PROFONDS, DE SOL PEU CALCAIRE.

Sols frais assez meubles et perméables de sous-sol : *Riparia Gloire de Montpellier.*

Sols sains assez compacts : *Riparia Schribner* (tomenteux).

Sols riches et profonds secs : *Riparia grand glabre.*

Sols profonds humides et assez compacts : *Solonis* × *Riparia* n° *1616.*

Sols silico-argileux. frais, un peu maigres : *Vialla* × *Riparia* n° *1702.*

TERRAINS MAIGRES, SILICIEUX, PEU PROFONDS.

Sols très secs, très maigres, à sous-sols rocheux : *Rupestris Martin.*

Sols secs un peu fertiles : *Rupestris Mission.*
Sols siliceux et graveleux, profonds, même un peu compacts : *Rupestris du Lot.*
Sables calcaires : *Taylor Narbonne.*

TERRAINS MOYENS A SOUS-SOL CALCAIRE.

Sols argilo-calcaires frais. marneux : *Riparia Rupestris n° 3306*, de Couderc.
Sols argilo-calcaires compacts sains : *Riparia Rupestris n° 101/14*, de Millardet.
Sols calcaires secs recailleux : *Riparia Rupesris n° 3309*, de Couderc.
Sols silico-calcaires. caillouteux : *Rupestris Riparia n° 108*, de Millardet.

TERRAINS TRÈS ARGILEUX PEU CALCAIRES.

Aramon Rupestris Ganzin n° 2.

TERRAINS TRÈS ARGILEUX ET TRÈS CALCAIRES.

Aramon Rupestris Ganzin n° 1.

TERRAINS TRÈS CALCAIRES FRAIS OU HUMIDES.

Gamay Couderc. (Colombeau Rupestris).
Mourvèdre✕Rupestris n° 1202, de Couderc.
Bourrisquou✕Rupestris n° 601, de Couderc.

[La commission chargée par le comité central de la Charente-Inférieure de faire une enquête sur les vignes plantées en sol calcaire a conclu, dans son rapport du 22 décembre 1898, qu'on pouvait s'en tenir aux variétés suivantes pour la reconstitution du vignoble charentais :

TERRAINS FACILES

Riparia Gloire et *Riparia grand glabre.*

TERRAINS DIFFICILES

Secs. 25 °/₀ de calcaire au plus : *Rupestris du Lot, Riparia Rupestris 101/14* et *3309, Taylor Narbonne.*

Humides. 35 °/₀ de calcaire : *Aramon Rupestris Ganzin n° 1, Bourrisquou Rupestris 601* et *603, Cabernet Rupestris 33 a 1* et *33 a 2, Alicante Bouschet Riparia 141 1.*

TERRAINS COMPACTES

35 °/₀ de calcaire au plus : *Aramon Rupestris Ganzin n° 1, Riparia Rupestris 101/14* et *3306, Bourrisquou Rupestris 601, Mourvèdre Rupestris 1202.*

TERRAINS CRAYEUX

Au-dessus de 35 °/₀ de calcaire : *Mourvèdre Rupestris 1202, Chasselas Berlandieri 41 B.*
Rupestris Berlandieri 218, 219, 301.
Riparia Berlandieri 420, 33 et *34.*

Au-dessus de 60 °/₀ de calcaire, il faudra avoir recours aux Berlandieri purs ou tout au moins à leurs hybrides américo-améri-cains.]

Des variétés qui précèdent, je crois pouvoir recommander d'une façon toute spéciale

certains hybrides dont la valeur est de tous
points supérieure.

C'est ainsi que la variété connue sous les
noms de *Rupestris du Lot*, *Rupestris monti-
cola*, *Rupestris phénomène* hybride, dû au
hasard, est à n'en pas douter, un porte-greffe
convenant parfaitement aux terrains très
divers de notre région, surtout en raison de
l'affinité qu'il offre au greffage avec nos
vignes françaises, et de sa grande facilité
d'adaptation. Cet hybride croît dans les terrains maigres où sa résistance à la sécheresse
est considérable, aussi bien que dans les
terrains compacts, voire même dans ceux
dosant jusqu'à 33 °/₀ de calcaire ; il com-
munique une grande vigueur aux greffons
français qu'il porte; on ne peut lui reprocher
que sa lenteur à se mettre à fruit dans les
terres riches.

Les hybrides de *Riparia* et de *Rupestris*
101 [104] de *Millardet* et *33* [09] de *Couderc*
remplaceraient certainement avec avantage les
Riparias purs car ils croissent aussi dans les
terrains les plus divers, résistent à d'assez
fortes doses de calcaire, et impriment une
grande vigueur à leurs greffons, tout en
leur donnant une grande fertilité.

Le *Solonis Riparia* est le cépage des
terrains humides.

L'*Aramon Rupestris Ganzin* n° 2, le
Mourvèdre Rupestris *1202* donneront de très

bons résultats dans toutes les terres fortes et résisteront à des doses de calcaire pouvant s'élever jusqu'à 5o °/₀. Dans les terres extrêmement calcaires où ces porte-greffes se chloroseraient, il faudra attendre, avant leur replantation, d'être fixé sur certains hybrides de Berlandieri, qui seront peut-être susceptibles de donner toute satisfaction.

En somme, pour les viticulteurs bourbonnais la question d'adaptation est beaucoup plus facile qu'elle ne l'était pour les viticulteurs qui ont reconstitué au début de l'invasion phylloxérique, car nous pouvons agir d'après des données confirmées par l'expérience, et le nombre des cas où la réussite sera incertaine, sera assurément des plus infimes.

Surtout pas de hâte, et faisons bien. Le vigneron soucieux de ses intérêts devra s'arranger de manière à replanter tous les ans une partie de son vignoble ; ce faisant, avant que ses anciennes soient perdues, il ne restera jamais sans récolter.

V. Les variétés américaines ou hybrides, producteurs directs.

Depuis l'invasion phylloxérique on cherche un cépage résistant au phylloxéra et produisant des raisins propres à donner du vin.

Ce cépage serait le bienvenu pour tous nos vignerons qui voient dans le greffage une opération délicate et difficile venant augmenter encore leur travail, qui est déjà plus qu'absorbant depuis que tant de maladies, que l'on n'enraye qu'à force de soins, s'abattent sur le vignoble.

Aussi, chaque année, quelque semeur fait-il annoncer dans les journaux qu'il a découvert la variété tant attendue ; il vend les sarments à prix d'or, chacun en achète et invariablement, après essai, on s'aperçoit que la variété phénix ne remplit pas le but cherché : tantôt son vin est passable, mais elle a trop de sève française et est incapable de résister au phylloxéra ; tantôt elle offre la résistance voulue, mais son raisin donne un vin détestable.

Ainsi, successivement, on a prôné le Jaquez, l'Othello, le Noah, le Canada, l'Elvira, les plants Pouzin-Bacchus, les hybrides de M. Couderc, ceux de M. Seybel, l'hybride Franc (1). Jusqu'ici, on n'a encore trouvé

***

(1) Actuellement, le grand cri de la réclame pour les producteurs directs est aux variétés suivantes : Hybride Fournier, Portugais bleu × Rupestris de Lacoste, Auxerrois × Rupestris, plant des Carmes.

Ces variétés doivent non seulement donner un vin excellent, mais certains, d'après leurs obtenteurs, ne

rien qui vaille et, en attendant le *rara avis*,
il faut nous résoudre à greffer nos bonnes
variétés locales qui, seules, conserveront la
bonne réputation de notre vin et nous facili-
teront sa vente.

VI. *De l'affinité des greffons aux porte-greffes.*

Non seulement, dans le greffage, il faut
rechercher l'adaptation du sujet au sol, mais
encore s'assurer que la variété greffée ait une
bonne affinité avec le sujet qu'on lui donne.

On entend par affinité la tendance qu'ont
certaines variétés de plantes à vivre, étant
greffées, dans les meilleures conditions de
ressemblance végétale avec les sujets qui
n'ont pas subi l'opération du greffage L'affinité se reconnaît par la vigueur régulière
donnée aux greffors par les porte-greffes et
par la longévité des plantes greffées.

On reconnaît le manque d'affinité par un
épuisement prématuré de la partie greffée,
par un bourrelet qui se forme à l'endroit du

---

craindraient ni le phylloxéra, ni le mildiou, ni aucune maladie.

C'est trop beau ! Enfin, je vais les essayer tout de
même !

greffage, par des irrégularités notables dans
la végétation d'une même espèce greffée sur
un même sujet, et par sa vie moins longue.

On ne doit s'appliquer à greffer que sur
des sujets présentant une grande affinité avec
les greffons, affinité que l'on reconnaîtra
facilement par la pratique.

Dans notre département, où l'on cultive
surtout les Gamays, ces plants présentent
beaucoup plus d'affinité pour le *Rupestris*,
les hybrides de *Riparia* $\times$ *Rupestris*, les
hybrides franco-américains, que pour les
Riparia purs. Les cépages blancs vont
bien sur les Riparias et leurs hybrides.

Cette question d'affinité, comme aussi celle
de l'adaptation, doit nous intéresser beaucoup. Il faudra qu'à côté de chaque plantation, ou mettre des sujets d'études pour que,
sous peu d'années, nous n'ayons pour notre
région qu'une série aussi limitée que possible de porte-greffes s'adaptant parfaitement à nos sols et à nos cépages français.

Cela est d'autant plus utile que le nombre
des variétés porte-greffes augmente tous les
jours, et que, d'après les renseignements
plus ou moins intéressés qu'on obtient sur
chacune d'elles, on serait tenté d'en planter
souvent, qui, malgré tout le bien qu'on dit
d'elles, ne donneraient que de maigres
résultats.

Dans tous les cas on ne verra plus, avec

des vignes greffées. de vignobles centenaires.
Le greffage aura mis les vignes sur le même
pied que les autres arbres fruitiers, elles dépé-
riront après avoir produit un nombre de
récoltes plus ou moins grand. après avoir
vécu un temps plus ou moins long, suivant
diverses causes, dont les principales seront :
l'affinité. l'adaptation, la culture, etc. Ainsi
se passent les choses pour les poiriers, les
pêchers et tous autres arbres fruitiers soumis à la greffe et à la culture intensive.

La vigne sera traitée en culture arboricole ;
les résultats qu'elle donnera seront très
variables et dépendront, pour beaucoup, des
connaissances viticoles, de l'expérience du
viticulteur. de l'engrais et des soins qui lui
seront donnés.

VII. Du greffage.

Le greffage, dans la viticulture nouvelle.
a pris la place la plus importante de toutes
les opérations culturales. Il a fallu longtemps
tâtonner avant d'arriver aux résultats qu'on
obtient aujourd'hui. Mais on peut bien dire
qu'actuellement on touche, en ce genre de
travail, presque à la perfection, puisqu'il
n'est pas rare que des greffeurs soigneux et
bien outillés fassent reprendre 80 °/₀ de

leurs greffes. La moyenne en grande culture, sans outillage spécial, n'est généralement que de 35 à 40 o/o.

Deux méthodes principales sont en présence pour la reconstitution du vignoble, et dans chacune de ces méthodes de nombreux modes de greffage sont employés. La première méthode est la greffe sur les sujets déjà plantés à la place qu'ils doivent occuper dans le vignoble ; la seconde méthode est le greffage en pépinière.

La première méthode, assez répandue dans le midi, il y a quelques années, est aujourd'hui bien moins pratiquée, pour cette raison qu'elle oblige à cultiver durant plusieurs années des terrains qui ne nourrissent que des ceps stériles, et pour cette autre que, dans les pays où les hivers sont rigoureux, il manque toujours une certaine quantité de greffes, soit qu'elles n'aient pas repris, soit qu'elles aient été atrophiées par les gelées ou détachées par les façons culturales.

Avec le greffage en pépinières, au contraire, qui permet de donner des soins assidus à toutes les greffes sur le petit espace qu'elles occupent pendant l'année de leur reprise, ainsi que des façons culturales plus soignées, on obtient une végétation et une soudure plus parfaites, résistant mieux aux fortes gelées, la première année, et à la plantation. Si cette opération est bien faite, si l'on n'a planté que des plants de première qualité, on constate que tous les sujets reprennent et assurent au vignoble des pieds réguliers comme vigueur et comme production.

Quand on veut greffer en place, on plante d'abord des boutures sans racines ou du plant raciné de la variété choisie comme porte-greffe et on attend qu'ils aient poussé avant d'opérer le greffage. Généralement, c'est à la deuxième pousse qu'on opère. Plusieurs sortes de greffes sont pratiquées ; les principales sont la greffe en fente, pleine ou de côté, la greffe de Cadillac, la greffe en placage anglaise, la greffe bouture par approche, la greffe en écusson de Salgue, celle de Vauzou, etc.

Pour la réussite de toutes ces greffes, sauf toutefois pour la greffe en écusson, il faut opérer au moment de la montée de la sève, de fin mars à fin mai, avec, comme greffons, des rameaux de l'année précédente conservés dans le sable et dont les yeux ne sont pas partis ; il faut exécuter ces greffes en terre et recouvrir de terre les greffons pour les préserver de l'air extérieur.

Pour la greffe en fente, on étête complètement le sujet ; mais cet étêtement est parfois nuisible, surtout lorsque le sujet est fort et vigoureux ; alors, non seulement la greffe ne réussit pas, mais le pied meurt. Les greffes sans étêtement du sujet sont donc

préférables, sauf quelquefois pour les sujets
jeunes.

Je ne décrirai que quelques-unes de ces
greffes, cela suffira pour les gens qui voudront
greffer sur place.

La greffe de Cadillac. — Pour pratiquer
cette greffe, on rogne, une dizaine de jours
avant d'opérer, le sujet à o m. 15 ou o m. 20
au-dessus du sol ; au moment de l'opération,
on le déchausse de o m. o5 à o m. 10 de
profondeur, on l'essuie convenablement
avec un chiffon. puis, sur une place lisse,
au moyen d'un couteau bien aiguisé, d'un
greffoir ou d'une serpette, on fait une entaille
oblique par rapport à la verticale de la tige.
Cette entaille doit avoir environ o m. o3 de
longueur. On prend un morceau de sarment
muni d'un œil, on le taille en biseau de deux
côtés, au-dessous de l'œil. en ayant soin de
ne toucher à la moelle que du côté qui appuie-
ra sur l'entaille intérieure du sujet, et de
façon que les deux côtés vifs de ce biseau
s'appliquent exactement sur les lèvres de
l'entaille pratiquée ainsi qu'il vient d'être dit ;
on termine l'opération par une ligature de
raphia. Puis on fait une butte de terre dépas-
sant de o m. o5 à o m. 10 l'extrémité du
greffon. Pendant l'été, on supprime les
pousses des sujets et au printemps de l'année
qui suit on coupe l'onglet restant, à l'endroit
de la greffe.

La greffe en placage anglaise. — Cette greffe se fait comme celle de Cadillac, avec cette différence que le greffon taillé en biseau d'un seul côté reçoit une entaille correspondant à une autre entaille du sujet faisant faire l'emmanchement en trait de Jupiter.

La greffe en fente. — Se fait aérienne ou en terre. Le sujet étant étêté, on procède comme pour greffer un pommier, avec cette différence toutefois qu'il faut ménager la moelle dans les coupes, et ne la couper au moins que d'un côté tant pour le sujet que pour le greffon. Si on fait la greffe aérienne, on l'enduit de mastic à greffer ou de terre glaise humide et de mousse ; si on la fait souterraine, on la recouvre de terre ou mieux de sable, sans l'enduire.

La greffe en écusson de Salgue — Cette greffe se fait à œil poussant ou à œil dormant. Dans le premier cas, on la pratique de mai à mi-juillet ; dans le second cas, en août.

On choisit pour cette greffe un vigoureux sarment de l'année. Au-dessous d'un œil et à la place que l'on juge convenable au greffage, on fait une incision longitudinale, mais non en T comme dans le greffage en écusson ordinaire. On ploie le bois légèrement pour faire ouvrir l'écorce, on aide à l'ouverture au moyen de la spatule du greffoir, puis on prépare l'écusson.

Celui-ci est levé sur un faux bourgeon

herbacé, de la même manièra qu'on lève un écusson d'arbre fruitier ou de rosier, mais en laissant un peu d'aubier sous l'écorce, puis on l'introduit dans l'incision préparée avec soin ; on ligature au moyen d'un fil de laine, et la greffe est terminée.

On laisse la moitié du pétiole de la feuille. Quinze jours après on peut constater si la soudure est faite.

Quand on greffe à œil poussant, aussitôt que la soudure est bien faite, on rogne le sarment graffé à deux ou trois feuilles au-dessus de l'écusson. On ne le rogne pas, si on a greffé à œil dormant.

Dès que l'écusson pousse, il faut avoir soin de le tenir accolé et tuteuré, car le moindre choc, le moindre vent suffit pour le décoller. On fera bien de prendre pour greffons de faux bourgeons provenant de rameaux fructifères.

La greffe Vauzou diffère de la précédente en ce que l'œil écusson est pris sur un sarment de l'année précédente, préalablement mis dans le sable pour en retarder la végétation.

Le sujet n'a pas besoin d'être un sarment de l'année, il suffit que son écorce soit lisse. On fait une incision en T et on place l'écusson comme n'importe quel écusson d'arbre. On ligature fortement et on débride un mois après l'opération ; l'époque du greffage se fait de mi-mai à mi-juillet.

La greffe Massabie est la même que celle de Vauzou, avec cette différence qu'on enlève l'écorce externe de l'écusson.

Je dois ajouter que ces différentes greffes aériennes sont très fragiles et peu pratiques pour les régions tempérées où beaucoup seraient détruites par les hivers rigoureux.

VIII. *De la greffe en pépinière.*

On greffe sur du plant déjà raciné ou sur de simples boutures. Le greffage sur bouture est le plus généralement employé.

On fait cette opération sur table, à l'abri, ce qui permet d'opérer par tous les temps, du commencement de février à la fin d'avril ; elle s'accomplit très rapidement.

De nombreuses méthodes ont été préconisées ; je n'en retiendrai que deux, les seules donnant à tous les points de vue d'excellents résultats : la greffe en fente, quand les sujets sont beaucoup plus gros que les greffons ; la greffe anglaise, quand les sujets sont de même grosseur que les greffons.

Les bois-sujets peuvent être coupés d'avance, ou au fur et à mesure des besoins. Les bois-greffons doivent toujours être cou-

3

pés d'avance, si possible avant les fortes
gelées. Les bois-sujets, mis par bottes, sont
conservés en faisant tremper leur base dans
0,10 à 0,15 d'eau, ou enfouis complètement
sous du sable, dehors.

Si on doit greffer après le 1ᵉʳ avril, il sera
préférable de conserver ces bois dans un local
non chauffé, sous du sable très peu humide.

Les bois-greffons seront conservés sous du
sable presque sec, dans un local autant que
possible orienté vers le nord, ou simplement
dehors, au nord, en recouvrant le sable de
planches, de feuilles, de toiles ou de paillassons pour les prémunir contre l'humidité
et ralentir au printemps la végétation.

Pour greffer, il sera toujours bon, si l'on
veut aller vite, d'être plusieurs personnes.
L'une coupera les bois-sujets à une longueur
pouvant varier de 0.20 à 0,35 ; la coupe de
la base est toujours faite immédiatement
sous un œil ; la coupe du haut, à la longueur
indiquée par une mesure, mais jamais
immédiatement au-dessus d'un œil. Cette
personne enlève en même temps tous les
yeux de ce bois ainsi coupé, au moyen d'une
serpette ou d'un greffoir bien affilé ; elle
coupera aussi les branches-greffons au-
dessus de chacun de leurs yeux et aidera à
ligaturer.

Deux personnes feront et assembleront les
greffes.

Une troisième personne ligaturera les greffes assemblées au moyen de trois ou quatre spires de raphia fortement serrées, en ayant soin de laisser un petit intervalle entre chaque spire, intervalle destiné à mettre le bois nu directement en contact avec l'air, la terre et l'humidité, précaution indispensable pour favoriser la soudure.

Les greffes ligaturées sont comptées et mises en paquets de 10 à 20, puis stratifiées sous du sable par la personne qui ligature. La première personne fait elle-même l'approvisionnement des bois porte-greffes et greffons.

Si ces quatre personnes sont habiles, elles pourront fournir journellement environ 2.000 greffes, finies et mises en stratification.

J'ai lu maintes fois qu'un greffeur devait faire 1,000 greffes dans sa journée ; cela est impossible. J'ai fait personnellement l'expérience, je me suis renseigné auprès de nombreux greffeurs, et il faut considérer comme une bonne moyenne le chiffre de 4 à 500 greffes finies, pour un greffeur très bien exercé.

La greffe la plus répandue est la greffe anglaise.

Pour l'exécuter, il faut que le bois-sujet et le bois-greffon soient de même grosseur. Le greffeur assis, ayant devant lui une provision de bois-sujets et de bois-greffons

coupés à la longueur voulue, prend d'abord
un bois-sujet, dont il taille l'extrémité en
biseau allongé d'un ou de deux coups de greffoir. Ce biseau ne doit être ni trop long ni
trop court ; si le biseau est trop long, la
languette d'assemblage trop mince; la greffe
ne présente pas une solidité suffisante pour
les manipulations : si le biseau est trop court,
l'assemblage est difficile.

Avec un peu d'habitude, on arrive facilement à faire la coupe du biseau, sous un
angle de 18 à 20 degrés ; puis, au moyen
d'un coup de greffoir, on pratique la languette qui s'introduira dans une languette
semblable du greffon pour maintenir l'assemblage.

On ne doit pas faire la languette de plus
de quatre à cinq millimètres de long. Pour
cela, on applique bien horizontalement le
tranchant du greffoir sur le biseau déjà fait,
à deux millimètres au-dessus du point où se
trouve le milieu du biseau, et on le fait
pénétrer jusqu'à deux millimètres au-dessous
de ce point ; en retirant le greffon on relève
un peu l'extrémité de chaque languette pour
favoriser leur introduction l'une dans l'autre.

Le sujet préparé, on choisit un greffon de
la grosseur voulue ; on le taille en un biseau
semblable à celui de la branche-sujet et,
à quelques centimètres au-dessous de son
œil unique et du côté de ce dernier, on

l'entaille comme il a été dit pour le sujet de
façon que la languette résultant de cette
entaille ait environ quatre ou cinq millimètres de profondeur, et que l'entaille. au
lieu d'être commencée à deux millimètres
au-dessus du centre du biseau, le soit à deux
millimètres en dessous ; puis on assemble
les deux parties ainsi préparées. en appli-
quant les biseaux l'un contre l'autre et en
faisant pénétrer les languettes l'une dans
l'autre.

Quand l'opération est bien faite, les sujets
et greffons étant de même grosseur, on
aperçoit à peine les points de contact, et
même sans ligature, la greffe présente une
grande solidité.

Pour bien exécuter la greffe anglaise, il
suffit de l'avoir vu faire et l'on devient vite
expert.

La greffe en fente, pleine ou sur le côté,
se pratique quand le sujet est plus gros que
le greffon ; elle se fait comme sur tous les
autres arbres fruitiers.

Après avoir fendu le sujet dans toute sa
largeur, ou seulement sur un côté, on y
introduit la greffe préalablement taillée en
coin, en faisant coïncider les écorces, puis on
ligature.

IX. De la stratification des greffes.

Les greffes ainsi préparées par paquets de dix ne sont pas mises directement en pépinière ; elles doivent être stratifiées auparavant c'est-à-dire mises dans des conditions telles que la soudure s'opère rapidement et soit déjà assurée lors de la mise en pépinière, de façon à permettre aux greffes de se défendre contre les intempéries et de supporter la rudesse du terrain.

La stratification est donc l'élevage du premier âge ; elle ne doit pas durer moins de trois semaines, mais peut se continuer pendant plusieurs mois, suivant l'époque de la préparation des greffes.

La stratification peut être considérée comme satisfaisante dès que les racines apparaissent sur le sujet. Le moment est alors venu de les confier à la pépinière, car si les racines étaient trop longues et les pousses de l'œil trop développées, on courrait le risque de les voir brûler au moment de la mise en place.

On stratifie les greffes de plusieurs manières. On a beaucoup préconisé la mousse humide dont on emplit des caisses et sur laquelle on empile les greffes, mais ce système trop compliqué a cédé la place à la stratification dans le sable, en cave, en serre ou simplement à l'extérieur.

Il faut, pour stratifier ses greffes, se munir de sable sec ou presque sec, avec lequel on recouvre les paquets de greffes en ayant bien soin que ce sable pénètre entre les greffes et les recouvre parfaitement. Ces paquets sont mis ainsi par lits superposés sans dépasser jamais six ou sept lits ; sur le dernier lit on met une plus forte épaisseur de sable, 0,15 environ. Pour empêcher que le sable ne coule à droite et à gauche des paquets de greffes, on devra le retenir de chaque côté par des planches. Par la sécheresse, on tiendra le sable légèrement humide.

On doit stratifier ses greffes-boutures dans un endroit chaud, près d'un mur, au midi si possible, sous des châssis ou dans une serre. Dans une cave, un cellier, une orangerie, la réussite est moins sûre, surtout si ces lieux sont humides.

On ne plantera jamais en pépinière avant le mois d'avril. La plantation peut être continuée jusqu'au 15 mai.

Les propriétaires et viticulteurs n'ont pas grand intérêt à faire et à cultiver leurs plants greffés chez eux, en pépinière ; ils auront plus de bénéfice à s'adresser à un pépiniériste sérieux à qui ils fourniront leur bois, préalablement sélectionné. Ce faisant, ils seront déchargés du souci de la culture

des greffes et de l'obligation de négliger
d'autres cultures pour se consacrer à celle-là.

X. Préparation du terrain de la pépinière ;
plantation des greffes.

De la bonne exposition, de la qualité et de
la préparation du terrain de la pépinière
dépend, autant que des soins à leur donner,
la parfaite réussite des greffes.

Autant que possible la pépinière sera établie sur un coteau exposé à l'est ou au midi,
en terre légère, fertile et profonde, ne redou-
tant pas trop la sécheresse ni les gelées
blanches ni le brouillard, ce propagateur des
maladies cryptogamiques.

Une fois le terrain choisi, il faut l'amender et le fumer.

Dans beaucoup de cas, on se trouvera
bien du chaulage ; mais, le plus souvent,
une forte fumure suffira. Il faudra également,
si on redoute l'humidité, assainir le sol à
l'aide de fossés et de drainages.

Après avoir amené sur place le fumier
dont la dose ne sera pas moindre, comme
fumure de fond, de 40,000 kilogr. à l'hectare, on défoncera le terrain à une profondeur moyenne de o m. 6o pendant l'hiver
qui précédera la plantation des greffes.

Au moment de planter on nivellera le sol, on tracera des allées permettant le service pour l'arrosage et les autres soins de culture ; ensuite on procédera à la plantation.

Pour cela, on creusera à la bêche, en se servant du cordeau, une tranchée très peu large et profonde de o m. 25 à o m. 35 environ, suivant la longueur des greffes. Dans cette tranchée, on placera à la main, en ayant soin que toutes leurs extrémités se trouvent, une fois la tranchée comblée, à fleur de terre, les greffes boutures à o m. o4 à o m. o5 les unes des autres.

Sur la base de ces boutures on devra placer du terreau mélangé de sable pour favoriser la première pousse des racines ; puis on comblera, on tassera légèrement, on arrosera au goulot de l'arrosoir, et on buttera la ligne entière avec du sable fin de manière que chaque bourgeon en soit recouvert d'au moins o m. o5.

A la suite de cette première tranchée, on en fera à o m. 3o de distance une deuxième que l'on plantera et soignera de la même façon et à la suite de laquelle on laissera un sentier de o m. 6o à o m. 7o. On fera ensuite deux autres tranchées à o m. 3o de distance, puis un nouveau sentier.

La pépinière sera donc ainsi établie : deux rangs de greffes-boutures à o m. 3o l'un de l'autre, un sentier de o m. 6o à o m. 7o, puis deux autres rangs de greffes, un sentier, et ainsi de suite.

Certains pépiniéristes font quatre rangs de greffes à o m. 3o, suivis d'un sentier. Je ne conseille pas cette manière de procéder. D'autres placent tous leurs rangs à o m. 5o de distance. Cette méthode n'est pas mauvaise.

D'aucuns se servent du plantoir pour la mise en place des greffes ; cette manière, quoique plus expéditive que la première, doit être abandonnée ; la bêche est en tous points préférable.

La plantation des greffes terminée, il reste à surveiller attentivement le sable qui les recouvre, car les pluies en le tassant ou en le faisant couler peuvent mettre à jour les greffons. Dans ce cas, il importe de recouvrir immédiatement ceux qui paraîtraient à l'air, car il est de toute nécessité que le greffon ne voit pas le jour avant qu'il ait poussé.

Il faut aussi sarcler et biner souvent afin que le sol demeure constamment propre, meuble et exempt de mauvaises herbes.

Si la pépinière n'est pas facilement arrosable, c'est un grave inconvénient, car on n'obtient une bonne réussite et de beaux sujets qu'à la condition d'arroser souvent pendant les périodes sèches.

Au début des chaleurs de l'été, après un

binage, on pourra pailler au fumier court, arroser immédiatement après ; cela évitera d'autres arrosages.

Pendant toute la période de végétation, il ne faudra pas négliger les sulfatages contre le mildiou ; quatre sulfatages au moins seront faits ; on soufrera trois fois ; le soufrage, tout en protégeant les greffes contre l'oïdium, accélère la végétation et fait mûrir le bois.

On fera bien de changer souvent l'emplacement des pépinières et de ne jamais y enfouir de débris végétaux. On aura ainsi de grandes chances d'éviter le pourridié, cette maladie terrible qui rivalise avec le phylloxéra pour la destruction de nos vignobles.

Une autre opération très importante est l'opération du sevrage qui se pratique deux fois fin juillet à courant d'août et de fin août à mi-septembre. Elle consiste à couper à la serpette toutes les racines qui ont poussé sur le greffon ; on butte de nouveau après la première opération. Après le second sevrage, on laisse la soudure à l'air libre jusqu'à la fin d'octobre. A la fin d'octrbre on opère un nouveau buttage et on laisse ainsi jusqu'à la déplantation pour la mise en place.

Si l'on craint d'avoir le phylloxéra dans la pépinière, il sera prudent de pratiquer un sulfurage à faible dose en fin septembre, car il ne faut pas oublier que, quoique le plant américain résiste au phylloxéra, on

sera toujours assuré d'un meilleur résultat
s'il est indemne de de toute contamination.

XI. Considérations générales sur le greffage.

On a beaucoup parlé pour ou contre le
greffage. Au début, ses détracteurs ont pré-
tendu que les vins provenant de vignes
greffées n'étaient pas bons ; ils ont soutenu
également que les raisins n'avaient plus la
même saveur que ceux venus de boutures.
Ce sont là de pures fables que la pratique et
l'expérience ont démenties.

Le sujet n'agit sur le greffon qu'au point
de vue du transport de la sève brute. Le
greffon se charge de régler l'époque où cette
sève lui est nécessaire comme aussi l'époque
où il n'en a plus besoin. C'est donc une
erreur de croire qu'un cépage tardif greffé
sur un porte-greffe hâtif verra ces qualités
se modifier.

Le greffon se charge également par ses
feuilles, par leur respiration et leur élabo-
ration, de modifier la sève brute du sujet au
point de donner à ses fruits la couleur et le
goût qui leur sont propres.

Si, dans le greffage, on a remarqué quelques dispositions générales, elles ne tiennent

qu'à la plus ou moins grande difficulté de
pénétration de la sève du sujet dans les vaisseaux du greffon, difficulté provenant soit
de l'entrave apportée à la circulation par le
point de soudure, soit de l'affinité du greffon
pour le porte-greffe.

En arboriculture, il est un principe fon-
damental et non discuté. Pour avoir des
fruits plus gros et plus précoces sur un arbre,
il faut diminuer la force de pénétration de la
sève ascendante ou brute dans la partie de
l'arbre où l'on veut voir de plus gros fruits,
tout en diminuant également la force de des-
cente de la sève descendante. On y arrive
par l'incision annulaire, qui vient dans ce
cas compléter le greffage.

Il en est de même pour la vigne. Le greffage, en offrant une difficulté à la sève mon-
tante et à la sève descendante, a pour objet
de pousser les fruits à la quantité, à la grosseur et à la qualité, comme aussi de pousser
les vignes à la production et à la précocité.
Seulement, ces résultats s'obtiennent au
détriment des sujets qui offrent une moins
grande longévité.

Ces faits sont depuis si longtemps connus
des arboriculteurs que je m'étonne qu'ils
aient fourni matière à discussion aux viticulteurs.

En somme, la vigne greffée, dont les sujets et les greffons ont entre eux une bonne

affinité, donne des produits plutôt hâtifs, de
meilleure qualité et en plus grande quantité
que la vigne de même espèce non greffée ;
mais elle ne devient pas aussi vieille.

XII. Mise en place des plants greffés.

A partir du mois d'octobre, les plants
greffés de l'année et qui ont une soudure
parfaite sont bons à mettre en place.

A l'arrachage des plants greffés pour la
vente, on fait deux choix. Le premier choix
qui se compose de tous ceux dont la soudure
est parfaite. Le deuxième choix qui comprend
les autres. On ne devrait jamais planter que
le premier choix ; mais, comme le tout premier choix est toujours très cher, pour
répondre à la concurrence et au marchandage
certains marchands mélangent le deuxième
choix et font de cette façon du plant à des
prix très inférieurs, ce qui engage bon nombre
de vignerons et de propriétaires à planter des
plants inférieurs.

Pour mon compte personnel, je préférerais
ne pas planter, que planter le deuxième
choix. Ces sortes de plants ne réussissent
jamais qu'en d'insignifiantes proportions.

Deux saisons s'offrent au choix des viticulteurs pour la plantation, quoique cette

plantation puisse s'exécuter, surtout dans
les terrains secs, pendant tout l'hiver quand
toutefois il ne gêle pas : la première, du
commencement d'octobre à fin novembre ;
la seconde, du 1ᵉʳ mars au 15 mai.

Si la vigne américaine résiste au phylloxéra, c'est, indépendamment de la disposition particulière de ses racines, parce que
ces dernières ont un pouvoir absorbant et
cicatrisant plus considérable que celles de la
vigne française ; partant de là, elles ont
besoin d'une plus grande quantité de nour-
riture pour donner à leurs ceps cette exubé-
rance de végétation qui, seule, les rend
réfractaires. Aussi pour éviter un échec dans
ses plantations, doit-on planter les vignes
greffées dans des conditions spéciales qui
n'étaient pas nécessaires autrefois à nos
vieilles vignes provenant de boutures.

Le temps n'est plus où l'on mettait un
sarment-bouture dans une terre superficiel-
lement labourée et à peine fumée, et où ce
sarment croissait, lentement il est vrai,
mais donnait pendant cent ans et plus, avec
des fumures presque insignifiantes, de bons
et beaux raisins à son propriétaire.

Aujourd'hui, on ne doit planter que dans
des terrains défoncés de 0,40 à 0,60 de profondeur, bien assainis par de profonds fossés
ou des drainages et fumés de 40 à 60,000
kilos de fumier au moins tous les trois

ans. Dans les terres pauvres, il faudra encore ajouter à cette fumure de fond des fumures complémentaires : superphosphate, plâtre, chlorure de potassium, etc.

On devra ainsi mettre pour trois ans la dose suivante par hectare : 3 à 400 kilos de superphosphate riche et autant de plâtre, et 100 kilog. de chlorure de potassium.

Quand on n'a pas assez de fumier à sa disposition, il ne faut pas remplacer le dosage de ce dernier par des engrais chimiques ; on doit se procurer pour parfaire ce dosage. soit de la colombine, du terreau, du germe d'orge, de la corne, du sang desséché, de la terre de curage de fossés, d'étangs, etc., qui apporteront l'humus que produisent le fumier et les engrais organiques. Pour la quantité de ces engrais à employer, elle doit être basée sur leur prix de revient qui doit être le même que si on mettait du fumier.

De ce qui précède, découle donc naturellement cette déduction, à savoir que lorsqu'un propriétaire plante une vigne, il doit préalablement créer un pré qui lui permettra d'avoir le fumier nécessaire à sa vigne sans pour cela trop affamer les terres labourables qui lui restent.

Dès que la terre a été défoncée, — on a tout intérêt à ce que ce travail précède de quelques mois la plantation — il faut songer à planter. Préalablement, on se sera procuré

une quantité d'échalas égale au nombre de
plants à mettre en place ; on aura fait
tremper pendant 15 jours ou un mois ces
échalas dans une solution de sulfate de fer à
la dose de 15 ou 20 %, dans le but d'empêcher la venue, à leur base, de champignons
pernicieux.

Alors, on commence par niveler le terrain,
le drainer s'il est nécessaire, dresser les
fossés d'assainissement, à moins qu'on ne préfère exécuter ces fossés après la plantation, ce
qui souvent vaut mieux, parce qu'on le fait
dans l'intervalle des lignes tracées.

Lorsque le terrain est bien nivelé, on
trace. Les lignes sont toujours dirigées en
travers de la pente si le sol est en pente, du
sud au nord s'il est en plaine ; on les espacera
de 1 m. 40 à 1 m. 50.

Pour que ces lignes soient régulières, il
faudra d'abord tracer sur un côté du champ
une ligne de base sur laquelle on abaissera
autant de perpendiculaires qu'il y aura de
lignes à tracer ; ces perpendiculaires seront
marquées sur le terrain au moyen de la
pioche à main ou du rayonneur ; puis, à
l'aide du cordeau, on indiquera sur chacune,
avec un échalas, la place que chaque cep
devra occuper.

Cet échalas est indispensable, lors même
qu'on établirait des lignes de fil de fer, car
il marque les plants qui sont cachés par la

4

terre ou le sable qui les recouvre et par
cela empêche toutes dégradations qui pourraient arriver en cours de culture soit en
passant. soit en travaillant. Il permet également, dès la première année, l'accolage de
la tige qui sans cela traîne sur le sol, y
contracte des maladies et une mauvaise
position.

On peut aussi rayonner et planter à la
charrue ; dans ce cas, on ne place les échalas
que lorsque la plantation est terminée.

La plantation se fait de plusieurs manières : au plantoir, à la pioche, à la bêche,.
à la charrue. Au plantoir, elle est élémen-
taire, mais peu recommandable ; à la pioche, elle s'effectue rapidement, mais ne
permet pas d'enfouir d'engrais au pied du
cep ; elle n'est recommandable que dans
les terres riches, fumées et amendées depuis
longtemps.

La plantation à la bêche me paraît être la
meilleure. encore qu'elle soit plus dispen-
dieuse ; elle est absolument indispensable
quand on n'a pas fumé le terrain au moment
du défonçage.

Avec la bêche, on fait un trou de o m. 20
carrés sur o m. 40 de profondeur. Au fond
de ce trou, on met une couche de fumier
ou de terreau, puis de la terre fine. Sur
cette terre on place le jeune plant en étalant
ses racines, préalablement rafraîchies à la

serpette et qu'on recouvre de terre bien
meuble sur laquelle on place une nouvelle
couche de fumier qui conservera la fraîcheur
au plant pendant l'été; puis on finit de
recouvrir de terre.

Il n'est pas rare que des vignes plantées
dans ces conditions commencent à fructifier
dès la deuxième année. En général, elles
gagnent un an sur celles plantées sans
fumure immédiate. A la charrue, le fond de
la tranchée étant durci, la terre piétinée,
la reprise est difficile comme aussi l'aligne-
ment régulier des plants ; on est obligé de
parfaire le travail à la bêche. L'opération
vaut mieux qu'au plantoir, en ce sens qu'on
peut fumer dans les lignes ; mais le prix de
revient, si l'on est obligé de louer les bêtes,
est aussi élevé qu'à la bêche et le résultat
est bien inférieur. Il ne faut recommander
cette manière d'opérer que si les bras font
défaut et dans les grandes exploitations.

Les plants de vignes greffées sont très
fragiles ; il ne faut pas laisser leurs racines
longtemps exposées à l'air. Si on doit les
faire voyager, on doit les emballer soigneusement. Dès qu'on les a apportés sur le
terrain, il faut les mettre en jauge et les
arroser s'il fait sec.

Préalablement, on habille les plants.
C'est-à-dire qu'avec la serpette on coupe les
racines meurtries au-dessus de leur meur-

trissure, de manière à ne pas leur laisser
plus de o o5 à o.10 de longueur ; on rogne
l'extrémité des autres ; on enlève celles qui
auraient été oubliées sur le greffon, et on
taille la branche de l'année à deux ou trois
yeux ; puis, on trempe racines et sujets dans
une boue claire composée de bouse de vache
et de terre grasse délayées par parties égales
dans de l'eau. C'est là ce qu'on appelle le « pra-
linage ». On plante après cette opération
qui n'est cependant pas indispensable.

La plantation terminée, la terre tassé au
pied, la greffe doit se trouver à fleur de
terre ; on complète la plantation par le
buttage qui est absolument nécessaire à
la bonne reprise. Cette opération s'exécute
en amoncelant sur chaque cep une dizaine
de centimètres de terre très meuble ou préférablement de sable.

XIII. — Des Défoncements.

Avant de planter une vigne, il faut examiner attentivement le sol sur lequel on doit
planter et déduire, de l'examen, à quelle
profondeur on doit le faire défoncer.

Si le sol est sain, perméable, reposant sur
un sous-sol également sain et perméable, on

doit défoncer de 0ᵐ 40 à 0ᵐ 50 de profondeur. Si le sous-sol renferme une couche de pierres ou de cailloux imperméable et qu'au-dessous de cette couche se trouve de la terre franche. de l'argile. ou de la terre quelconque perméable, il faudra percer la mauvaise couche, si toutefois on peut le faire sans des frais exagérés.

Si le sol sèche beaucoup en été, en raison de sa légèreté, il faudra défoncer au moins à 0ᵐ 60 ou 0ᵐ 70, de manière qu'il y ait une forte épaisseur de terre remuée, pour conserver la fraîcheur. Si, à une profondeur quelconque, se trouvait une couche de terre argileuse et fraîche, on aurait intérêt à faire défoncer jusqu'à cette couche.

Si le sous-sol est argileux. froid, compacte, on ne l'entamera pas en défonçant. ou, si on veut l'entamer, au cas où la couche de terre végétale serait trop mince, 0ᵐ 20 à 0ᵐ 30 de profondeur, il ne faut pas le ramener à la surface ; on le divise et on y adjoint des cendres ou de la chaux, pour le rendre perméable.

Si le sous-sol est calcaire, il ne faut jamais l'entamer : on doit se contenter d'ameublir et d'enrichir le sol, malgré son peu de profondeur.

Dans tous les terrains mouillés, il faut draîner.

Dans tous les terrains sans exception, on

devra, de loin en loin, laisser des fossés
d'écoulement dont le fond sera de 0ᵐ 10 plus
profond que le défonçage. Ces fossés, qui
pourront ne pas être à ciel ouvert, mais
bien remplis de pierres, ou posséder en
leur fond un conduit en pierre, ciment,
tuyaux, etc. ont pour but d'assainir la terre
dans les années humides ou pendant l'hiver,
d'éviter la stagnation des eaux au pied des
ceps, stagnation absolument nuisible à la
bonne végétation des vignes américaines.

Ces fossés aèrent aussi les racines et, s'ils
sont à ciel ouvert et peu éloignés les uns des
autres, augmentent la surface de terrain en
contact avec les éléments aériens nécessaires
à la végétation : soleil, air, etc.

Ainsi donc, pour cette question du défonçage, on ne peut fournir aucune donnée
fixe ; on opère suivant le terrain que l'on
possède.

Le défonçage se fait à la main ou par
les animaux, ou encore à la vapeur ou à
l'électricité.

A la main, on se sert de la bêche, de la
pioche et de la pelle, en opérant par tranchées successives. Après avoir creusé une
première tranchée dont la terre servira à
combler la dernière, on creuse une deuxième
tranchée joignant la première et parallèle
à elle ; on jette à mesure la terre de l'une
dans l'autre, et l'opération se poursuit en

creusant des tranchées égales en largeur et
en profondeur, à la suite les unes des autres.
Ce système a le défaut, d'après certains au-
teurs, de ne pas mélanger les terres ; la terre
du dessus de chaque tranchée étant mise
dans le fond de la tranchée précédente. Ce
défaut, à mon avis, n'en est pas un pour la
vigne, dont les racines vont puiser partout
où elles les trouvent et à n'importe quelle
profondeur les éléments qui leur sont utiles.

Le défonçage à la fouilleuse ou à la char-
rue-défonceuse ne vaut généralement pas le défonçage à la main, mais il revient moins cher,
surtout quand on peut opérer sur de grandes
surfaces au moyen de la vapeur ou de l'électricité. Là, généralement, le sol et le sous-
sol sont mélangés ; mais il faut une grande
habitude de ce travail pour que le défonçage
se fasse régulièrement.

Quand le sol repose sur des roches, il faut
se garder de défoncer en cuvette, c'est-à-dire
de défoncer de manière qu'autour du champ
défoncé les roches forment des parois rete-
nant l'eau. Dans ce cas, le dessous du
défonçage doit être en pente et permettre
l'écoulement des eaux. On se trouvera
toujours bien d'enfouir, en défonçant, la
moitié des engrais que l'on destine à la
vigne ; l'autre moitié réduite en terreau sera
placée dans les terres au moment de la
plantation.

XIV.—Entretien de la terre plantée en vigne.

En tout temps, il faut que le terrain des vignes soit entretenu en bon état de propreté et ameubli par des binages répétés aussi souvent que l'exige la destruction des mauvaises herbes.

Dans nos régions, trois binages sont ordinairement suffisants ; mais on fera bien d'en donner un quatrième. Ces opérations se feront toujours par un temps chaud.

Les binages à la main sont en tous points préférables aux labourages ; mais, en raison de la rareté de la main-d'œuvre, dans une exploitation de quelque étendue, on devra donner la préférence au binage à la charrue-vigneronne et à la bineuse traînée par un bœuf, une vache, un âne ou un cheval. On complètera le labourage par une façon à la main près des ceps et là où la charrue ou la bineuse n'auront pu extirper l'herbe.

Le premier binage sera donné de fin mars à courant avril, le second fin mai, le troisième fin juin ; si l'on en donne un quatrième, il faudra le faire en septembre ; ce dernier binage sera surtout utile dans les terres fortes ; il pourrait parfois être nuisible dans les terres sèches.

Au mois d'août, il faut déchausser tous les plants, enlever les radicelles qui pourraient avoir poussé sur le greffon, et laisser le point de greffage à l'air libre jusqu'en octobre, époque à laquelle on butte les plants à la pioche ou à la charrue.

Dans nos pays, il ne faut jamais négliger ce buttage hivernal, car, pendant les hivers rudes, les ceps greffés et non buttés seraient susceptibles d'être détruits par les fortes gelées.

La fumure se fera de préférence en automne ou pendant l'hiver, quand il ne gèlera pas.

Pour fumer, on peut opérer de plusieurs manières : 1° en creusant une cuvette autour du cep ; 2° en ouvrant à droite et à gauche des rangées de ceps des rigoles dans lesquelles on enfouit le fumier ; 3° en recouvrant la terre de fumier que l'on enfouit par un labour à la bêche ou à la charrue.

XV. Des variétés de vignes à planter ; choix des greffons.

Nous avons examiné précédemment la manière de planter, de greffer, les soins à donner aux vignes greffées ; mais, cela n'est pas tout, il faut encore pour réussir

complètement et obtenir un produit rémunérateur, planter un bon choix des variétés.
Les variétés à adopter devront être généralement celles que, de temps immémorial,
on a plantées dans une contrée donnée. Ce
sont les variétés qui ont fait leurs preuves
d'acclimatation, de bonne maturation et de
bonne qualité de produits. Chez les propriétaires et vignerons qui ont souci de bien
vendre leur vin, la grosse production ne
doit pas entrer en ligne de compte au détriment de la qualité.

Je sais bien que, dans notre pays, beaucoup de gens prétendent que la différence
entre le prix de vente des vins inférieurs
produits par des cépages à grands rendements et celui des bons vins que produisent
les meilleures variétés, est actuellement si
peu sensible, qu'on aurait intérêt à planter
les cépages les plus productifs plutôt que
les plus fins. Je ne dénie point ce fait;
mais, si le marchand savait ne plus trouver
dans notre pays que les vins inférieurs
du Gamay d'Auvergne, il ne viendrait
plus s'y approvisionner ou, dans le cas
où il y viendrait encore, il n'offrirait aux
vignerons que des prix dérisoires. Tandis
qu'actuellement, en faisant son approvisionnement de bons vins, il trouve le moyen
d'écouler quelques tonneaux inférieurs sans
consentir une trop grosse diminution sur
le prix.

Il importe donc que, dans l'Allier où les vins jouissent d'une certaine réputation, nous ne plantions que des variétés à goût fin.

Pour le vin rouge. je conseille donc les Gamays lyonnais. du Beaujolais. St-Romain, Teinturiers de Bouze. Mourot. Freau. Pinot fin ; *pour le vin blanc*, le Pouilly, le St-Pierre. le Gamay blanc, le Gros-blanc, le Tressaillier, le Meslier.

On se trouvera bien d'avoir toutes ces variétés représentées dans son vignoble et de les mélanger pour obtenir un vin supérieur.

Nombreux sont encore les autres cépages que l'on pourrait recommander, mais les précédents ont fait leurs preuves, ils sont acclimatés et leurs produits sont excellents.

Les Carbenets, la Syrah. le Cot, le Malbec sont également de très bons cépages produisant des vins de bonne qualité très appréciés dans leurs pays d'origine, mais qui. chez nous, ne donneraient pas de meilleurs résultats que ceux que j'ai désignés plus haut. Le plant Durif, le Corbeau, le Gamay des Gamays, le Portugais bleu sont également des plants très méritants pour leur vigueur et leur grand rendement, mais qui ne sauraient être plantés indistinctement partout et qui ne pourront être employés que par les vignerons qui recherchent la quantité plutôt que la qualité.

Dans tous les cas cependant, on devra

proscrire impitoyablement les Caste, Aramon, hybrides Bouchet et toutes les variétés trop tardives pour notre région.

Le choix des branches qui doivent fournir les greffons est très important dans la
viticulture moderne, les mêmes variétés ne
fournissant pas toujours des sujets de même
valeur. Il est donc de toute nécessité de
sélectionner les bois dont on veut se servir
pour greffer.

Pour cela, au moment de la vendange, il
faut marquer d'un signe quelconque les
branches ayant de beaux raisins, bien formés,
à grosses graines, sans trace de coulure ; il
est indispensable que ces branches aient été
soigneusement traitées contre toutes les
maladies cryptogamiques, que leur bois soit
sain, de belle couleur et bien aoûté. On
donnera enfin la préférence aux branches
portant les raisins les plus hâtifs.

Avec ce mode de sélection, on est assuré
de n'avoir que des ceps de toute première
qualité.

Ce choix terminé, il faut, autant que possible, couper les branches-greffons avant les
fortes gelées, c'est-à-dire en novembre, et
les conserver dans du sable très peu humide, en un local sain et frais, ou dehors,
sous un abri derrière un mur exposé au
nord. Il importe, pour la bonne réussite du
greffage, que le sujet soit plus avancé que le

greffon. C'est pour cela que l'on met les bois
qui doivent servir de greffons dans des
conditions qui retardent le départ de la
végétation.

XVI. Des supports.

Quoique l'on puisse faire supporter la
vigne greffée par des échalas de bois, cette
pratique n'est guère à recommander que
pendant les trois ou quatre premières années
de plantation. On aura toujours un grand
avantage à établir une installation de supports fixes et solides. Le fil de fer tendu sur
des poteaux de bois ou, préférablement, de
fer, est à préconiser.

Les systèmes de poteaux ne manquent
pas ; tous ont des avantages. Si l'on emploie
le bois, il faut préalablement, s'il s'agit
de bois blanc, le faire tremper, pendant au
moins vingt-quatre heures, dans une solution
de sulfate de cuivre à 5 %; si au contraire
on se sert de bois dur, on l'immergera
pendant une semaine dans une solution de
sulfate de fer à 20 %. Après ces opérations,
on se trouvera bien de goudronner la partie
des poteaux à mettre en terre. Ainsi préparés,
ces supports sont assurés d'une grande
durée.

On trouve le fer tout préparé dans le commerce ; le meilleur fer est le fer à T avec ou sans patin goudronné, ou peint au minium. Si on se sert de fers à patins, la pose se fait sans scellement, sur la terre du fond des trous, à o m. 30 ou o m. 40 de profondeur. Si on se sert de fers sans patins, on scelle ce fer dans des pierres *ad hoc* ou dans un béton fait sur place.

Les supports d'extrémité auront toujours un arc-boutant, et seront toujours très solidement assujettis. Les supports intermédiaires seront placés à 6 ou 8 mètres les uns des autres.

Les fils de fer passant dans des trous percés dans les supports à des hauteurs déterminées seront tendus au moyen de raidisseurs. Trois ou quatre fils de fer sont utiles, suivant les systèmes employés ; cependant, on peut les réduire quelquefois à deux. Le premier fil sera tendu à o m. 25 du sol, le second à o m. 40 au-dessus du premier, le troisième à o m. 30 au-dessus du second.

Souvent, au lieu d'attacher simplement les fils de fer aux poteaux d'extrémités, on les réunit et on les relie à un moëllon enterré dans le sol ; cette pratique est bonne, mais ne saurait être préférée à la première.

Le fil de fer à employer est le fil galvanisé n° 14 ou 0,16.

XVII — *Des opérations de la taille.*

Les opérations diverses de la taille doivent être pratiquées avec un grand entendement, car de ces opérations bien ou mal faites dépendent souvent l'abondance ou la pénurie des récoltes, comme aussi la bonne venue et la longévité des ceps.

Les opérations de la taille peuvent se diviser en deux parties distinctes : opérations d'hiver et opérations d'été.

Les opérations d'hiver comprennent la taille proprement dite, ou taille d'hiver, et le palissage d'hiver. Les opérations d'été comprennent l'ébourgeonnement ou triage, les différents pincements ou rognages et le palissage d'été (accolage ou relevage).

La taille proprement dite peut s'exécuter depuis la chute des feuilles jusqu'au départ des bourgeons, c'est-à-dire de fin octobre à mi-avril.

D'aucuns prétendent que la meilleure taille est celle que l'on pratique en mars ; je soutiens, moi, que l'on fera bien, avec les vignes greffées, de scinder en deux cette opération. Dès après la vendange, il faudra enlever toutes les branches que l'on doit supprimer, en se servant du sécateur ou de la serpette ; on ne laissera que les branches destinées à la production du fruit ou au bois de taille de l'année suivante.

Aussitôt après cette opération de nettoyage, on buttera fortement les ceps pour les préserver de la gelée et on attendra ensuite, de la mi-février au 1ᵉʳ avril, pour terminer l'opération de taille d'hiver.

L'ébourgeonnement se pratique dès que les raisins sont formés et autant que possible avant leur floraison.

Le pincement se pratique partie en même temps que l'ébourgeonnement, partie pendant le cours de la végétation.

Le palissage est le complément du pincement ; il se pratique en même temps que lui ; c'est l'opération qui consiste à attacher les pampres à leurs supports.

Les méthodes de tailles sont nombreuses dans la viticulture nouvelle. Il convient d'éliminer notre vieux système qui n'a pas sa raison d'être sur des ceps vigoureux, et aussi beaucoup de systèmes locaux sans importance pour nous. Nous ne retiendrons que les méthodes suivantes : le Gobelet de Thomery, la taille Guyot, la taille Casenave, le cordon horizontal à coursons, ou de Thomery.

Pendant les trois premières années, quel que soit le système employé, la taille est la même. Elle se résume ainsi :

La première année : En plantant, couper à deux ou trois yeux la seule branche conservée ; dans le courant de l'année, palisser verticalement deux rameaux provenant des yeux conservés, pincer le plus faible à cinq ou six feuilles.

La deuxième année : Enlever la branche déjà pincée, tailler celle que l'on conserve à deux yeux. A l'ébourgeonnement, conserver les deux rameaux provenant des yeux de taille, enlever tous les autres bourgeons qui pourraient se développer sur la souche ; pincer le rameau le plus faible à cinq ou six feuilles ou, s'il portait des raisins — ce qui arrive assez rarement — le pincer à deux yeux au-dessus du dernier raisin formé ; palisser soigneusement les deux rameaux contre l'échalas ou verticalement sur les fils de fer.

Dans le courant de la végétation, en palissant, pincer tous les faux bourgeons à un œil de leur base, enlever les vrilles à la serpette ; ne pas toucher au rameau principal.

La troisième année : A la taille, supprimer la branche pincée et, suivant la vigueur du cep, tailler l'autre à deux, trois, quatre ou cinq yeux. A l'ébourgeonnement, supprimer tous les bourgeons autres que ceux provenant des yeux de taille ; parmi ceux-ci, conserver intacts les deux plus bas ; supprimer complètement ceux n'ayant pas de fruits ;

pincer les autres à deux yeux au-dessus du dernier raisin formé.

Palisser soigneusement et verticalement les deux rameaux provenant des deux bourgeons conservés sans être pincés, maintenir coupés à un œil de leur base tous les faux bourgeons et les vrilles sur quelque branche qu'ils paraissent. Si les rameaux conservés intégralement prennent trop d'allongement, au mois d'août supprimer à la main leur extrémité herbacée.

La quatrième année : Cette année commence une taille spéciale, suivant le système adopté, à moins que le sujet ne soit trop faible, auquel cas on lui applique la taille de l'année précédente. On attend alors la cinquième année pour commencer sa formation.

Taille en gobelet. — Tailler à deux yeux chacune des branches laissées ; il se développera quatre rameaux que l'on ne pincera pas, mais que l'on rognera en août. On les palissera tous les quatre en éventail si on opère sur fil de fer, en botte si on opère sur échalas.

La cinquième année, le cep aura donc quatre branches, que l'on taillera chacune à deux yeux.

A l'ébourgeonnement, on laissera sans le pincer, à chaque branche, le bourgeon le mieux placé pour que le milieu du gobelet soit vide ; on enlèvera tous les autres bour—

geons qui ne porteraient pas de fruits ; on pincera ceux ayant des fruits à deux yeux au-dessus du dernier fruit formé ; on palissera en éventail contre le fil de fer ou contre deux forts échalas ; on enlèvera soigneusement les faux bourgeons et les vrilles.

La sixième année, on conservera encore quatre branches que l'on taillera à deux ou trois yeux.

La septième année et les années suivantes, si les ceps sont vigoureux, on pourra conserver jusqu'à huit bras, en s'efforçant toujours de rabattre sur les bourgeons les plus bas pour ne pas exagérer la hauteur du cep.

Ainsi, le cep en gobelet se compose de quatre à huit bras divergents et formant par leur disposition une sorte d'entonnoir. A chaque bras, on laissera sans le pincer un rameau sur lequel on taillera l'année suivante ; tous les autres seront pincés à deux yeux au-dessus du dernier raisin formé ou supprimés s'ils sont sans fruits. Les rameaux de charpente seront rognés en août à environ 1ᵐ 50 de longueur. Les supports n'ayant généralement pas cette hauteur on palissera horizontalement sur le fil de fer le plus haut.

Taille Guyot. — A la quatrième taille, tailler la branche supérieure à trois, quatre, cinq ou six yeux, suivant sa vigueur ; la branche inférieure à deux yeux.

La branche supérieure prend le nom de

branche à fruits, la branche inférieure celui
de branche à bois ; courber la branche à
fruits horizontalement soit sur le fil de fer,
soit contre un petit échalas. A l'ébourgeonnement, laisser croître en liberté les deux
bourgeons produits par la branche à bois ;
sur la branche à fruits, enlever complètement
les bourgeons non fructifères, pincer les
autres à deux yeux au-dessus du dernier
raisin formé. Pendant le cours de la végétation, palisser, enlever les faux bourgeons et
les vrilles. En août, pratiquer le rognage sur
les rameaux provenant de la branche à bois à
environ 1^m50 de hauteur.

A la cinquième taille, on supprime la
branche à fruits de l'année précédente ; on
conserve les deux branches poussées sur la
branche à bois ; on taille la plus basse qui
devient branche à bois à deux yeux et l'autre
à six, sept, huit, neuf, dix yeux ou davantage suivant sa vigueur ; on soigne pendant
le cours de la végétation comme il a été dit
après la quatrième taille.

Pour nous résumer, le cep conduit d'après
la méthode Guyot est composé de deux
branches d'un an : l'une, la plus élevée,
dite branche à fruits et pouvant être taillée
jusqu'à vingt yeux de longueur, est couchée
horizontalement ; l'autre, la plus basse, est
taillée à deux yeux et se nomme branche à
bois.

Tous les ans, après la production, la branche à fruits est supprimée et le cep est reformé par les deux branches poussées sur la branche à bois de l'année précédente.

Taille Cazenave. — La vigne sera plantée au moins à deux mètres dans le rang.

A la quatrième année, on ne laissera qu'une branche que l'on palissera horizontalement sur le premier fil de fer (pour cette taille il est indispensable que les supports soient de fil de fer).

On lui laissera une longueur horizontale de 0,60 à 0,80. A l'ébourgeonnement, on supprimera tous les bourgeons poussant en dessous de la branche horizontale et tous ceux de la base de cette même branche entre la terre et le fil de fer.

Pendant la végétation, on tiendra palissés verticalement sur le second fil de fer qui ne doit être qu'à 0,20 du premier, tous les bourgeons qu'on aura laissés se développer en les pinçant à environ 0,30 à 0,35 de hauteur ; le bourgeon terminal pris en dessous sera palissé le long du fil de fer horizontal.

A la cinquième année, on taillera le prolongement de manière que tous les cordons se touchent et forment une ligne ininterrompue. On traitera comme la quatrième année, sauf en ce qui concerne le prolongement que l'on maintiendra vertical.

La sixième année, on laissera entre
chaque courson une distance de 0.30 environ, et on taillera chaque branche à sept ou
huit yeux, on laissera le bourgeon inférieur
de chaque branche à fruit sans le pincer.
On pincera tous les autres au-dessus de la
dernière grappe et, chaque année, on supprimera la branche à fruits sur la branche
inférieure qui deviendra branche à fruits à
son tour.

Ce système est parfait pour les variétés
vigoureuses. On obtiendra avec lui un
rendement prodigieux. Il est facile à suivre,
en somme; c'est le cordon de Thomery avec
des coursonnes à longs bois.

Cordon horizontal ou de Thomery. —
C'est le système de la treille de nos jardins
adapté à la grande culture. On peut avoir un,
deux ou trois cordons : le premier de 0 m. 25
à 0 m. 40 du sol, le second à 0 m. 45 au-
dessus du premier, le troisième à 0 m. 45
au-dessus du second.

Chaque cep ne doit former qu'un cordon.
Ainsi le premier cep d'une rangée occupe le
premier fil de fer; le second, le deuxième fil,
le troisième, le troisième fil; il n'y a aucun
avantage, en grande culture, à avoir trois
cordons; un, quelquefois deux, quand les
vignes sont très vigoureuses, suffisent toujours à assurer une très bonne production.

Pour établir le cordon horizontal voici
comment il faut opérer :

De la deuxième à la quatrième année, suivant la vigueur de la vigne, nous avons vu que
le cep avait deux branches : l'une pincée,
l'autre ayant poussé en liberté. On coupe la
branche pincée ; on place un petit échalas
vertical au pied du cep ; on attache l'extrémité de cet échalas au fil de fer sur lequel
doit être établi le cordon que formera le cep,
puis on palisse sur cet échalas, au moyen
d'un osier, la branche de vigne non coupée.
Arrivé à la hauteur du fil, on courbe cette
branche soigneusement pour lui faire prendre
la position horizontale et on la ligature au
moyen d'un osier contre son fil de fer.

Ensuite on la taille, suivant sa vigueur,
sur un œil de dessous, en lui laissant de cinq
à dix yeux pour former des coursonnes frui-
tières. En grande culture, on ne laisse qu'un
bras au cordon ; en petite culture, généralement, on forme le cordon sur deux bras.

A l'ébourgeonnement, on enlève tous les
bourgeons qui croissent sur la partie verticale du cordon ; on enlève également ceux
qui naissent en dessous de la branche-cor-
don, sauf le terminal (1). On ménage soigneu-

(1) Cependant, quand il y a pénurie de raisins et
que les bourgeons que l'on doit enlever en possèdent,
il faut les laisser, pour ne les retrouver qu'à la taille
suivante après avoir récolté leurs fruits.

sement ceux de dessus en s'efforçant de les espacer le plus régulièrement possible (environ o^{m}15) ; on les pince à la hauteur du fil de fer qui leur est supérieur, de manière à les y attacher avec des joncs, de la paille ou du raphia. On palisse le bourgeon terminal sans le pincer, horizontalement.

Dans le courant de la saison on enlève toutes les vrilles et on pince les faux bourgeons à un œil de leur empâtement.

Si le bourgeon terminal prend trop de développement, on le pince à 1^{m}8o environ sur un faux bourgeon dont on se sert pour continuer le prolongement.

De la troisième à la cinquième année, on taille à deux yeux toutes les branches qu'on a laissé développer sur la branche-mère du cordon ; le prolongement est taillé de manière à former de deux à six nouvelles coursonnes et un prolongement nouveau. A l'ébourgeonnement, on laisse se développer sur chaque coursonne les bourgeons provenant des deux yeux de taille, et les productions du prolongement sont traitées comme il est dit pour l'année précédente.

Quand le cordon est formé, que tous les ceps se touchent, on ne laisse pas de prolongement ; on taille sur une coursonne fruitière, mais aux pincements on laisse toujours un bourgeon sans pincer pour attirer la sève.

En somme, la taille de la vigne est d'une

simplicité extrême. Malgré cela il est indispensable, pour tailler, ébourgeonner et pincer
une vigne convenablement, d'avoir la pratique que seule donne une grande expérience
de la végétation, pour discerner exactement
la longueur à donner aux branches de taille,
afin qu'elles ne poussent ni trop vigoureuse-
ment au détriment de la fructification, ni
trop peu au risque d'affaiblir le cep.

Cependant, quand une vigne est vigou-
reuse, il ne faut jamais avoir peur de la char-
ger beaucoup ; on a tout le temps de revenir
à une taille plus courte, si' on s'aperçoit
qu'elle faiblit.

XVIII. Considérations sur les tailles à grands
rendements.

C'est le docteur Guyot qui a été, en
France, le plus grand promoteur des tailles
de la vigne à grands rendements.

« La taille longue, comparée à la taille
courte, dit-il, offre seule une production
certaine et une saine végétation. A une plus
longue taille correspondent de plus longues
et de plus nombreuses racines qui amènent
la diminution des ceps à l'hectare et par
suite celle de la dépense en augmentant le
revenu. Elle donne presque toujours des vins

verts la première année de son adoption —
et c'est là peut-être ce qui a fait croire à l'in-
fériorité des vins venus sur les tailles longues — seulement, plus tard, les racines
nouvelles correspondant au surcroît de végétation, font cesser cet inconvénient. »

Pour plaider en faveur de la taille longue,
le docteur Guyot, ce grand maître de la
viticulture, dit que les meilleurs vins des
Côtes-Roties, de Jurançon, du Rhin, de
Saint-Emilion et de bien d'autres crus sont
produits sur des tailles longues.

D'un autre côté, en arboriculture il est un
fait avéré : c'est que la taille courte détruit
la longévité des plants qui y sont soumis.

M. Bedel dit, à la page 170 de son livre
sur les *Nouvelles méthodes de culture de la
vigne :*

« Laisser à un arbrisseau, à un arbre
quelconque petit ou grand la liberté de dé-
ployer l'arborescence et les forces vitales
dont la nature a pourvu son espèce, ce n'est
point lui imposer un travail, ce n'est point
l'épuiser, c'est lui permettre de développer
son organisation et de vivre avec une force
qui s'accroît proportionnellement à ce développement.

« Qui s'aviserait de croire qu'il fortifiera un
chêne, un noyer, un pommier, un cerisier,
un groseillier même, en ne lui laissant pour
végéter chaque année que deux, quatre ou

même huit bourgeons ? Qui ne sait, parmi les jardiniers, quels soins et quelles peines il faut pour tenir un cerisier, un prunier, un pommier à l'état nain ? Qui ne sait combien aussi dans cette situation réduite les arbres fruitiers vivent peu et donnent peu de fruits ? Combien ils sont féconds au contraire et combien ils vivent longtemps à mesure qu'on les laisse s'étendre et s'approcher davantage de leur arborescence naturelle !

« Eh bien! la vigne est destinée par la nature à prendre une expansion plus grande que celle d'aucun autre végétal. Il suffit donc d'o ıvrir les yeux et de comparer la longévité, la fécondité et la vigueur des vignes sur les arbres, sur les haies, en treilles avec celle des vignes à petites souches basses pour être convaincu que moins on laisse d'expansion végétale à la vigne, plus on l'affaiblit, plus on la stérilise. »

Les considérations qui précèdent sont trop justes pour que je les commente, elles suffisent amplement à démontrer ce que l'expérience et la pratique m'ont appris depuis longtemps.

XIX. *Influence de l'ébourgeonnement, du pincement et du rognage.*

L'ébourgeonnement est de la plus grand

utilité, car, si l'on enlève dès le début de la
végétation tous les bourgeons stériles et
inutiles, la sève se porte de suite dans les
bourgeons conservés, qu'elle fortifie.

L'ébourgeonnement doit se pratiquer sur
toutes les vignes, dès que les raisins sont
formés, mais avant qu'ils fleurissent ; le premier pincement doit le compléter.

Le premier pincement se fait dès que l'on
aperçoit bien toutes les formes de raisins,
en enlevant avec l'ongle l'extrémité des
bourgeons, à deux feuilles au-dessus du
dernier raisin formé.

Cette opération préserve les fruits de l'avor-
tement et de la coulure. Il résulte d'expériences concluantes qu'en certaines années
le pincement a fait augmenter une récolte
de 50 %.

Le second pincement qui s'effectue surtout
sur les faux bourgeons, a pour but, ainsi
que l'évrillage, de faire grossir le raisin et
en même temps de fortifier les yeux de la
base des rameaux et de les rendre ainsi aptes
à une plus grande fertilité l'année suivante.

Le rognage a pour but de concentrer la
sève dans les yeux de base des branches à
bois qui y sont soumises.

On ne doit plus pincer dans les terrains
chauds et secs quand la chaleur devient
excessive, car, dans ces terrains-là, il importe
que les fruits soient bien couverts de pro-

-ductions herbacées qui les garantissent de la brûlure ou de l'échaudage. Dans les terrains froids et humides, on gagnera à avoir toujours sa vigne bien pincée ; selon les règles.

On peut compléter l'effet du pincement pour faire grossir les raisins en employant l'incision annulaire. Cette opération consiste à enlever à la base de la branche à fruits, au moyen d'un instrument spécial, un petit anneau circulaire d'écorce de 0^m oo5 de large environ. Cette opération peut augmenter considérablement la récolte et favoriser la maturation des fruits. L'incision doit se faire au moment de la floraison.

Dans les années humides, on fera bien, au moment de la maturité du raisin, d'effeuiller un peu les vignes trop vigoureuses. Cet effeuillage, en mettant les grappes à nu, les fera mieux mûrir. Le rognage est plus expéditif que le pincement qu'il complète; il se fait d'une manière très expéditive, soit avec une cisaille, une faucille ou un sécateur, en coupant tous les rameaux à une même hauteur, 1^m 20 du sol en général. Il se pratique de la fin de juin à la vendange, en évitant de le faire pendant une grande période sèche.

XX. Des maladies, accidents et insectes nuisibles à la vigne.

Depuis quelques années, de nombreuses maladies et insectes nuisibles se sont propagés d'une façon inquiétante dans nos vignobles ; chaque jour en amène de nouveaux et le vigneron, certes, a beaucoup à faire pour enrayer les progrès des fléaux multiples qui s'acharnent à la destruction de sa récolte.

Pour combattre efficacement tous ces ennemis, il importe de les bien connaître. Alors seulement, le vigneron pourra, non pas en avoir raison tout à fait, mais diminuer notablement leurs dégâts.

Les principales maladies sont : l'oïdium (*Erysiphe Tuckeri*) ; le mildew (*Peronospora viticola*) ; le black-rot (*Phoma uvicola* ; l'anthracnose (*Sphaceloma ampelinum*) ; le rot blanc (*Coniothyrium diplodiella*) ; le pourri (*Botrytis cinerea*) ; la gommose baccilaire, le broussin, le blanc des racines (*Dematophora necatrix*), la chlorose, le cottis. Parmi les insectes, il faut citer : le ver gris, le ver blanc, la cochenille, la pyrale, la cochylis, l'écrivain, l'érinose, le phylloxéra, les charançons, l'attelabe.

XXI. De l'Oïdium (Erysiphe Tuckeri).

Cette maladie atteint toutes les parties
vertes de la vigne. C'est un champignon
microscopique qui se multiplie avec une
rapidité prodigieuse sous l'influence de la
chaleur et de l'humidité.

Quand ce champignon n'attaque que le
bois et les feuilles, il n'est pas très dangereux ;
mais, généralement, il s'attaque aussi aux
raisins.

On le reconnaît d'abord à l'odeur carac-
téristique de champignon qu'il exhale, puis
à son aspect blanchâtre au début de l'invasion, passant ensuite au gris et au noir. Il fait
fendiller les raisins attaqués et les empêche
de mûrir ; il les dessèche.

Cette maladie est facile à combattre. Le
soufre en poudre appliqué en temps oppor-
tun en a ordinairement raison. On emploie
soit de la fleur de soufre, soit du soufre trituré, soit du minerai de soufre pulvérisé, soit
du soufre précipité.

Il faut soufrer dès que les bourgeons ont
0ᵐ15 de longueur, immédiatement après le
premier sulfatage contre le mildew ; puis au
moment de la floraison, (le soufrage sur la
fleur du raisin empêche la coulure) ; enfin,

dès que l'on s'aperçoit des premières atta-
-ques de la maladie.

Le soufrage n'est guère préventif, il est
surtout curatif au début de l'apparition de
la maladie, qu'il enraye pour une période
d'un mois.

Quand l'oïdium ne se montre qu'au moment où les raisins changent de couleur, il
n'a pas de suite fâcheuse pour la récolte.
L'épandage du soufre se fait au moyen d'ap-
pareils spéciaux ou de soufflets. On répand
pour le premier traitement : soufre sublimé,
de 10 à 20 kilog. à l'hectare environ ; soufre
trituré, de 15 à 25 kilog ; pour le second
traitement : soufre sublimé, de 30 à 35 kilog.
à l'hectare ; soufre trituré, de 45 à 70 kilog.;
pour le troisième traitement, mêmes doses.

Le soufrage se fera par un temps clair et
chaud, le matin ou le soir de préférence.
On évitera avec soin de soufrer par la pluie
ou par la trop grande chaleur.

XXII. Le Mildew (Peronospora viticola).

Cette affection est autrement redoutable
que l'oïdium ; mais, comme pour ce dernier, on possède un remède absolument
efficace s'il est appliqué préventivement.

Le mildew attaque toutes les parties jeunes

du cep ; mais c'est surtout par son attaque de la feuille qu'il est redoutable.

Sur la feuille, il se reconnaît, à la face inférieure de celle-ci, par des taches blanches brillantes, cristallines, résistant au toucher ; sur la face supérieure correspondant à ces taches on remarque des parties brunes qui s'écartent et arrivent à gagner toute la feuille, qui tombe bientôt. On peut aussi constater sa présence sur le raisin et les jeunes rameaux.

Quand il sévit avec vigueur sur une vigne, toutes les feuilles tombent ; la circulation de la sève ne se fait plus, les rameaux ne s'aoûtent pas et le fruit, n'arrivant pas à maturité, donne peu de vin et du vin sans valeur.

Le cuivre en dissolution, appliqué d'une façon préventive, enraye complètement les progrès de ce champignon dévastateur.

Nombreuses sont les formules proposées et employées : bouillie bordelaise, bouillie bourguignonne, eau céleste, verdet, poudres spéciales, etc., etc.

Dans notre pays, tout le monde donne la préférence à la bouillie bordelaise, et je crois que l'on a raison, car en la fabriquant soi-même on est sûr du dosage.

Voici la manière de procéder pour fabriquer la *bouillie bordelaise* :

Premier traitement : dans un hectolitre

d'eau mettre 2 kilog. de sulfate de cuivre et
2 kilog. de chaux ; deuxième traitement :
dans un hectolitre d'eau mettre 3 kilog. de
sulfate de cuivre et 2 kilog. de chaux ;
troisième traitement : dans un hectolitre
d'eau, mêmes doses que pour le deuxième
traitement.

On fait dissoudre dans un vase en terre ou
en bois contenant une certaine quantité d'eau
(4 ou 5 litres par kilog. de sulfate de cuivre
environ) le sulfate de cuivre, en ayant soin
de le maintenir suspendu au niveau de l'eau
soit dans un sac en grosse toile, soit dans un
panier.

D'autre part, on délaie la chaux fraîche-
ment éteinte ou vive, dans un autre vase et
dans une certaine quantité d'eau.

Cela fait, on verse dans un récipient en
bois d'une contenance suffisante, la
quantité d'eau dont on a besoin pour sulfa-
ter. On ajoute à cette eau mesurée la quantité de dissolution de sulfate de cuivre
nécessaire ; puis un aide verse lentement la
solution de chaux pendant qu'on agite fortement le mélange. Il faut toujours verser
la chaux dans le sulfate dissous, et ne jamais
faire l'inverse, sans quoi l'opération serait à
recommencer.

A l'œil on reconnaît que la bouillie est
neutre quand elle a pris une belle teinte
bleu ciel, et que, en ajoutant encore de

la chaux, le bleu a tendance à blanchir.

Au moyen du papier de tournesol, on reconnaît qu'elle est neutre quand ce papier immergé reste bleu.

S'il manque de la chaux dans la composition de la bouillie, celle-ci est acide et peut brûler les feuilles. S'il y a excès de chaux, l'adhérence sur les feuilles est restreinte.

On a recommandé d'ajouter à cette bouillie 1 kilog. de mélasse par hectolitre ; je n'en vois pas la nécessité.

Bouillie bourguignonne. — Sulfate de cuivre, 1 kilog. 500 ; carbonate de soude, 2 kilog. 250 ; ammoniaque à 22°, 1 litre et demi ; eau, 100 litres. Pour la préparation, faire fondre le sulfate de cuivre dans 4 ou 5 litres d'eau chaude ; d'autre part, faire fondre de même le carbonate de soude. Pour ces diverses manipulations, éviter les récipients en fer ou en zinc ; verser la solution de carbonate dans la solution de sulfate, lentement et en agitant. Puis au bout d'un moment, dès que le mélange ne bouillonne plus, ajouter l'ammoniaque lentement et en remuant le tout. Il ne reste plus alors qu'à ajouter la quantité d'eau froide suffisante pour faire un hectolitre de mélange. Cette bouillie s'emploie comme la bouillie bordelaise.

Le Verdet. — Le verdet s'obtient en soumettant des plaques de cuivre à l'action de l'acide acétique que renferme le marc de raisin.

O1 étend les marcs, légèrement humidifiés au préalable, dans des caves d'une température tiè1e, en couches de 0^{m}20 à 0^{m}50. On place sur ce marc des feuilles de cuivre minces que l'on recouvre de nouveau de marc ; il se produit de l'acétification au contact des feuilles qui s'oxydent et produisent le sous-acétate de cuivre.

On recueille ce sel en grattant les feuilles de cuivre oxydées ; on le nomme verdet gris(1); il s'emploie à la dose de 1 kilog. par hectolitre d'eau.

Pour la préparation, on met à macérer pendant 24 ou 48 heures, le verdet dans 10 à 15 litres d'eau froide (il faut bannir absolument l'eau chaude) ; on remue plusieurs fois pendant la macération, puis on ajoute l'eau nécessaire pour compléter la dissolution (2).

L'épandage de ces solutions se fait au moyen de pulvérisateurs à dos d'homme dans la majorité des cas, à dos de chevaux ou montés sur des voitures pour les grandes exploitations.

_____

(1) Il y a une autre sorte de verdet, le verdet neutre cristallisé, qu'il faut bien se garder d'employer parce qu'il est entièrement soluble et que les pluies le délaient complétement.

(2) *Culture de la Vigne*, par A. Bedel.

Trois traitements suffisent presque toujours
pour prévenir l'invasion du mildew : le premier quand les bourgeons ont atteint de o^{m}10
à o^{m}15 de longueur ; le second environ trois
semaines après. (Eviter de le pratiquer au
moment de la floraison ; le faire avant ou
après suivant le cas.) Le troisième environ
six semaines après le deuxième, quand la végétation aura atteint son maximum de développement.

Le premier traitement nécessite environ
trois hectolitres à l'hectare ; le second, cinq
hectolitres ; le troisième, huit hectolitres.

Dans le commerce on rencontre de nombreux produits destinés à remplacer les préparations précédentes. Beaucoup ne sont pas
recommandables ; cependant je ne saurais
trop engager les viticulteurs à essayer, sûr
qu'ils l'emploieront, par la suite, la bouillie
Perdoux (Hydrocarbonate de cuivre gélati-
neux) dosée à 61-63 % de sulfate de cuivre.

Cette préparation, dont le dosage est
rigoureusement exact a, depuis 10 ans qu'elle
est employée, donné les meilleurs résultats.
Avec elle on n'a pas l'ennui du dosage que
l'on doit faire soi-même ; il suffit de verser
la poudre qui la compose au moment de
l'emploi dans l'eau froide, en agitant celle-
ci avec un bâton. En 5 minutes la solution
est prête à être employée.

Les doses sont, pour combattre le mildew,

de 1 k. 500 ou 2 kilog. et, pour combattre le black-rot, de 3 kilog. par hectolitre d'eau.

C'est certainement jusqu'à ce jour la poudre qui a donné les meilleurs résultats et qui revient le meilleur marché de toutes les préparations cupriques (1).

XXIII. *Le Black-Rot* (Phoma uvicola, Guignardia Bidivelli).

Si l'on a facilement raison de l'oïdium et du mildew, il n'en est pas de même du black-rot qui, s'il vient à se propager partout, sera avec le phylloxéra la plus terrible des affections de notre vignoble.

Venant d'Amérique comme du reste la plupart des maux que nous subissons en culture, cette maladie cryptogamique n'a été remarquée que vers 1885 ; elle attaque le fruit, les feuilles et les tiges ; les grains atteints présentent d'abord une petite tache rougeâtre qui s'étend vite et se couvre de pustules noires ; les taches des feuilles et du bois sont aussi couvertes de ces petites pustules. Dès que les grains sont atteints, ils

(1) Cette poudre est fabriquée par M. G. Perdoux, pépiniériste-viticulteur, fondateur de la Société française de viticulture et d'ampélographie, à Bergerac (Dordogne).

fèchent en l'espace de quatre ou cinq jours. La maladie augmente d'intensité sous l'in— fluence de la chaleur et de l'humidité.

On traite aux composés cupriques, en augmentent le dosage et le nombre d'opéra-tions.

Il faut au moins quatre traitements. Ces traitements servent en même temps contre le mildew.

Le premier, à la dose de trois kilos de sul-fate de cuivre par hectolitre d'eau et de deux kilos de chaux, dès que les bourgeons ont 0^m10 de longueur.

Le deuxième, à la dose de quatre kilos de sulfate de cuivre et de trois kilos de chaux, avant la floraison.

Le troisième, avec le même dosage, après la floraison.

Le quatrième. avec le même dosage, au commencement d'août (1).

---

(1) D'après de nouvelles observations, le black-rot ne se multiplie rapidement que sous l'influence de pluies coïncidant avec un abaissement de la tempé-rature normale, et ne peut être enrayé que par des sulfatages faits à des époques dites periode de récepti-vité. Ainsi donc dès que la température baisse et qu'il pleut, pendant les mois de mai. juin, juillet et août, il faut se hâter de procéder au sulfatage là où l'on craint le black-rot; mais lors même que la température baisse sans pluie ou qu'il pleut sans abaissement de la température, il ne faut pas autrement s'inquiéter de la contamination rapide de ce parasite.

(CAZEAU-CAZALET, Revue de Viticulture.)

XXIV. L'Anthracnose (Sphaceloma ampelinum).

Il y a trois formes d'anthracnose : la forme ponctuée, la forme maculée et la forme déformante.

Sous l'influence de l'anthracnose ou charbon, les feuilles se déforment, se rapetissent et, en se déformant, noircissent aux points contaminés. Les bourgeons se rabougrissent et noircissent par plaques chancreuses ; les raisins sont également atteints.

Généralement, cette maladie n'est pas très dangereuse ; cependant, on a vu des cas où elle compromettait gravement la récolte d'un vignoble, surtout dans les sols humides.

On fera bien de drainer les sols humides dans lesquels on s'apercevra de cette maladie.

On en arrête les progrès par le badigeonnage des souches en hiver au moyen de la solution suivante, après avoir préalablement enlevé les vieilles écorces au moyen d'un gant ou d'un racloir : sulfate de fer, huit kilos ; acide sulfurique, huit kilos ; eau, cent litres.

On verse dix litres d'eau bouillante sur huit kilos de sulfate de fer dans un vase en bois et on y ajoute, quand le sulfate est dissous, 90 litres d'eau dégourdie. On y verse ensuite 8 kilos d'acide sulfurique. On badigeonne pendant l'hiver les bois, les échalas, les fils de fer, en ayant grand soin de ne ne pas laisser tomber de ce liquide sur ses mains ou son visage. Ce badigeonnage permet non seulement de combattre efficacement l'anthracnose, mais est encore précieux pour détruire de nombreux autres parasites.

Le *Rot blanc* (conothyrium diplodiella) attaque ainsi que le rot gris les grains du raisin ; il ne résiste pas au traitement contre le mildew.

XXV. *Pourri* (Botrytis cinerea).

Attaque les raisins en août-septembre. Dans certaines régions, le Bordelais et les rives du Rhin notamment, on attend pour vendanger que cette maladie soit apparue ; elle donne sous le nom de « pourriture noble » un vin de qualité supérieure.

Comme cette affection n'atteint guère les vignes que sous l'action de l'humidité elle ne prend pas ordinairement les vignes saines ; dans tous les cas, ce n'est pas la peine de la combattre.

XXVI. Gommose baccilaire.

Cette maladie, très ancienne et connue sous les noms de : *roncet, court-noué, mal nero, gélivure, moromba,* etc., est très contagieuse ; elle est due à un microbe isolé aujourd'hui et qu'on a pu inoculer à des animaux. Ce bacille, dit « bacille de la gelivure », se développe de préférence dans la couche génératrice ou les vaisseaux des plantes atteintes, et il en détermine la dégénérescence gommeuse ; il sévit surtout dans les terrains bas et humides et par des températures alternées de froid, de pluie et de chaleur.

Cette maladie, quoique contagieuse, n'est pas très répandue ; on ne lui connaît aucun autre remède que l'ablation et l'incinération de tous les rameaux atteints.

XXVII. Le Broussin.

Le *broussin* a beaucoup d'analogie avec la maladie précédente ; il se manifeste par une substance subéreuse qui traverse l'écorce et forme de gros bourrelets longitudinaux ;

il est dû à une taille trop courte de ceps vigoureux ou aux influences d'humidité et de froids printaniers survenant après une belle période ayant déjà avancé la végétation. L'ablation des parties malades s'impose et le traitement au sulfate de fer, comme pour l'anthracnose, est indiqué.; on arrose également le pied avec dix litres d'eau dans lesquels on a fait dissoudre deux kilos de sulfate de fer.

XXVIII. La Chlorose.

La chlorose est une maladie caractérisée par la teinte jaune des feuilles et le rabougrissement des sarments ; lorsqu'elle est arrivée au dernier degré — on la désigne alors sous le nom de *Cottis* — elle cause la mort des ceps qui en sont atteints.

Cette maladie provient de deux causes : excès de calcaire assimilable dans le sol et excès d'humidité dans le sous-sol.

On guérit la chlorose produite par le calcaire au moyen du sulfate de fer ; toutefois, certains cépages américains, plantés dans des sols calcaires, périssent toujours de la chlorose, malgré les sulfatages.

Le remède le plus sûr est le procédé Rassiguier qui consiste à tailler les vignes chlorosées dès la chute des feuilles et à badigeonner les ceps entiers et surtout les plaies de taille au moyen d'une solution de sulfate de fer à 20 %. On recommence chaque année jusqu'à guérison complète.

Quand la chlorose a pris la forme du *Cottis*, le seul remède est l'arrachage.

Si la chlorose a lieu par excès d'humidité, ou de compacité du sol, le drainage seul, aidé pourtant du traitement Rassiguier, en aura raison.

XXIX. Le blanc des racines ou Pourridié (Dematophora necatrix).

Cette redoutable maladie s'attaque à beaucoup de végétaux ; le pêcher entre autres y est sujet.

C'est un champignon dont le mycelium filamenteux, variant du blanc au gris souris, enchevêtre toutes les racines de la plante et la fait mourir le plus souvent dans le courant de la végétation ; sa propagation est rapide.

Ordinairement, le Pourridié provient de la décomposition de bois dans le sol. C'est là l'indication qu'il ne faut jamais planter de la vigne ou des pêchers dans un sol où de

vieilles racines pourrisssent. Il ne faut jamais
uon plus amender le sol avec du bois pourri
ou de la sciure, à moins que la décomposition soit absolument parfaite et encore con-
vient-il d'arroser cet amendement pendant
l'hiver qui précède son emploi par des solutions réitérées de sulfate de fer.

Le sulfate de fer est un bon préservatif du
pourridié et M. Bellot des Minières se débarrasse parfaitement, paraît-il, de cette maladie avec une solution de 4 k log d'ammo-
nium de cuivre par 100 litres d'eau. On
verse à chaque pied atteint et à 0ᵐ3o de
chaque côté de lui, dans un trou fait au pal,
250 grammes de la solution.

En tout cas, dès qu'on aperçoit le pourridié, on doit immédiatement arracher les
ceps atteints, les brûler et cultiver à leur
place des céréales, qu'il n'attaque pas.

Souvent, dans les pépinières, les jeunes
greffes sont recouvertes de filaments blan-
châtres que l'on prend pour le pourridié
mais qui n'ont rien de commun avec lui ; il
s'agit du mycelium du *Psativrelle ampelino*,
duquel on a raison par un arrosage au sulfatage de fer à 10 °/₀.

XXX. Le Chancre des racines.

Analogue au chancre des autres arbres
fruitiers, cette maladie attaque les vieilles
vignes dans les terres grasses. Il n'est pas de
remède à cette maladie ; mais, comme elle
n'est pas contagieuse, elle est sans danger.

XXXI. Les Insectes nuisibles à la vigne.

Du *phylloxéra*, je ne dirai rien de plus
que ce que j'en ai dit précédemment.

La *pyrale* est un insecte inoffensif à l'état
de papillon, mais dangereux à l'état de larve.
Cet insecte hiverne à l'état de larve, pro-
tégé par une enveloppe soyeuse qu'il dépose
contre les vieilles écorces des ceps et contre
les échalas. Au printemps, il mange l'extrémité des bourgeons et des grappes naissan-
tes, causant ainsi en certaines années beaucoup de mal.

On s'en débarrasse par l'ébouillantage des
souches au moyen de la cafetière Vermorel.
Cet ébouillantage se fait en hiver en versant
de l'eau, que l'on fait bouillir sur place, sur

toutes les parties des ceps et des échalas recélant les larves.

La *cochylis* — ver rouge — commet surtout ses ravages la nuit ; elle enveloppe le jeune raisin d'un réseau de fils ténus et marge les jeunes grappes alors qu'elles sont encore en fleur.

On détruit beaucoup de cochylis en râclant les vieilles écorces pendant l'été et en pulvérisant sur les ceps et les raisins atteints la solution suivante : faire dissoudre 3 kil. de savon noir dans 10 litres d'eau chaude, y ajouter 1 kil. 200 de poudre de pyrèthre, remuer le tout et ajouter 90 litres d'eau froide.

La *cochenille*. Il y a trois espèces de cochenilles : la blanche, la grise et la rouge. Ce sont des insectes ressemblant à des punaises, et qui se collent contre le bois, qu'ils altèrent par le suçage.

Ces insectes sont également très nuisibles par leurs déjections qui adhèrent à toutes les parties de l'arbre et provoquent ce que l'on appelle la fumagine, salissant les raisins et empêchant les feuilles de jouer leur rôle d'organes respiratoires.

On détruit les cochenilles par le râclage hivernal des écorces et un badigeonnage avec la solution suivante : pétrole, 8 litres ; savon, 175 grammes ; eau, 4 litres.

On chauffe le mélange d'eau et de savon et on ajoute le tout bouillant au pétrole.

L'*erinose* est une sorte de cloque des feuilles produite par les piqûres d'une petite araignée, le *phytocopte vitis* ; cette maladie, très apparente, inquiète le vigneron, mais ne produit que peu de dégâts. Le soufre en a assez facilement raison.

Les *charançons*. On en distingue plusieurs espèces ; mais, qu'on les nomme *Rinchytes*, *Periteleus* ou *Philopedon*, ils font beaucoup de ravages, quand ils se trouvent en abondance dans les vignes. On peut les ramasser à la main en mettant au pied des ceps de la mousse dans laquelle ils se cachent pendant le jour et que l'on secoue le soir dans un seau d'eau.

Les crapauds sont très friands de ces insectes ; on ne saurait trop recommander de ne pas les chasser des vignes et de favoriser, au contraire. leur multiplication.

Les *chenilles*. On les détruit par l'eau céleste ainsi composée : faire dissoudre un k lo de sulfate de cuivre dans trois litres d'eau chaude ; y ajouter un litre et demi d'ammoniaque à 22° Beaumé ; verser le tout dans 100 litres d'eau. Au moyen d'un pulvérisateur, on répand à raison de 300 litres à l'hectare. Cette préparation sera en même temps très efficace contre le mildew.

Les *fourmis*. Pour les éloigner, badigeonner les tiges des plantes attaquées avec de l'eau de savon à raison de 100 grammes de savon par litre d'eau.

Le *gribouri* ou *écrivain*. Cet insecte fait beaucoup de mal dans les vignes où il se trouve en grande quantité. A l'état d'insecte parfait, il perfore les feuilles et les graines des raisins ; à l'état de larve, il attaque les racines.

On en détruit beaucoup en secouant les ceps sur des feuilles de papier ou dans des entonnoirs spéciaux en fer-blanc. D'aucuns prétendent aussi qu'on peut détruire les larves avec une fumure de 1.200 kil. à l'hectare de tourteau de colza. Mais, sans contredit, le meilleur moyen de s'en débarrasser comme aussi de se débarrasser d'un grand nombre de ses congénères, est d'élever dans les vignes des volées de poulets.

Le *ver gris* ou *noctuelle* se nourrit des jeunes bourgeons de la vigne et, en certaines années, ses dégâts sont très importants. Il faut lui faire la chasse dès qu'on s'aperçoit de ses dégâts. On ramasse les vers pendant le jour au pied des ceps, et on laisse entre les lignes croître quelques touffes d'herbes que le ver gris préfère à la vigne.

Le *ver blanc* est la larve du hanneton, malheureusement trop connue en horticulture et en agriculture par les dégâts qu'elle cause aux racines des p'antes. Les jeunes

7

plantations surtout ont à redouter ses ravages.

Il n'est aucun moyen bien pratique de détruire les vers blancs. La meilleure manière de protéger les jeunes plantations consiste à semer de loin en loin, dans les lignes, des laitues dont le ver blanc est tout à fait friand. Dès qu'on verra des pieds de laitue se faner, on creusera à leur pied et on trouvera le ver en train de les dévorer. Il sera alors facile de les tuer.

L'*attelabe* ou *cigarier* se nourrit des feuilles de la vigne. Au moment de la ponte, il coupe la pétiole des feuilles qu'il a choisies pour déposer ses œufs, roule ces dernières en forme de cigare ; les feuilles ainsi déformées sèchent et altèrent par cette dessication les ceps. Le seul remède est de ramasser les feuilles ainsi travaillées et séchées et de les faire brûler.

XXXII. *Accidents atmosphériques.*

Gelées d'hiver. — Pour éviter les gelées d'hiver, il faut butter fortement les souches à l'automne. La partie entourée ne gèlera pas et servira à la reconstitution du cep.

Gelées de printemps. — Pour éviter les gelées de printemps on a préconisé bien des remèdes que je tiens tous pour insuffisants ou trop dispendieux.

On recommande l'abri au moyen de toiles ou de paillassons, les nuages artificiels et les poudrages préventifs.

Les nuages artificiels réussissent quelquefois, mais je ne saurais recommander que le poudrage au soufre mélangé de chaux éteinte, poudrage exécuté le soir qui précèdera la nuit où l'on craindra une gelée.

Ce poudrage est utile autant pour éviter la gelée que contre une foule de maladies et d'insectes.

Dès qu'une vigne est gelée, il faut sans tarder enlever à la serpette tout le bois endommagé et redoubler de soins de toutes sortes pendant le cours de la végétation pour lui rendre son ancienne vigueur.

Les badigeonnages d'hiver au sulfate de fer, en retardant le départ de la végétation, diminuent d'une façon notable les risques de gelée.

Après une gelée, on fera bien d'opérer immédiatement un soufrage.

Grêle. — Après une averse de grêle, il faut soufrer immédiatement pour obtenir la cicatrisation rapide de toutes les plaies produites par les grêlons, tant sur le bois que sur les fruits.

XXXIII. Quelques considérations.

De ce qui précède, on peut conclure que, pour avoir dans sa cave la fortifiante boisson qu'est le vin, le vigneron doit se donner bien du mal.

Autrefois, on connaissait à peine tous ces ennemis, produits de la culture intensive, qui semblent envoyés, par Celui qui peut tout, pour proportionner la production à nos besoins. En effet, avec les méthodes nouvelles, avec les engrais, avec la science culturale que nous possédons actuellement, à quel point en arriverions-nous si la vigne se comportait aujourd'hui comme autrefois ?

Avant dix ans, notre production serait tellement abondante qu'on ne s'en pourrait plus débarrasser et que cette pléthore de biens engendrerait bien vite la paresse chez l'homme.

Mais, dans ses desseins, la Providence a voulu nous montrer sa supériorité. A nos travaux de géants, elle répond par un invisible atome qu'elle répète à l'infini et qui les sape.

Aussi bien ne devons-nous pas nous décourager. Suivons sans murmurer notre destinée, et, malgré les déboires qu'il nous réserve,

courons encore et toujours avec le progrès ;
la satisfaction du devoir accompli nous attendra au bout.

XXXIV. De la Vendange.

Il ne suffit pas de savoir cultiver la vigne
pour qu'elle fournisse des raisins en abondance ; il faut encore savoir utiliser ses fruits
et leur faire donner un produit rémunérateur.

Autrefois, quand tout le vin d'une région
se buvait dans la région même, la question
de conservation était d'ordre secondaire. A
notre époque où le vin voyage beaucoup, il
lui faut d'autres qualités. De nombreux
ferments inconnus jadis le guettent partout ;
il faut donc, pour les vendanges et la vinifi-
cation, comme pour la plantation, opérer
d'après des données nouvelles.

Dans nos contrées on ne doit vendanger
que lorsque le raisin est tout à fait mûr.

Voici comment, d'après M. Bedel, on peut
arriver à reconnaître le moment précis où
l'on doit vendanger :

« Le jour de la récolte correspondra au
maximum de sucre et sera précisé par des
expériences faites quotidiennement avec un
pèse-moût à la même heure, sur des grappes
aussi semblables que possible à la majorité

des grappes du vignoble et provenant de variétés identiques.

« On presse rapidement ces grappes entre les doigts sur une mousseline claire et l'on reçoit le jus ainsi filtré dans une éprouvette ; on plonge l'aéromètre dans ce jus et on lit le degré d'affleurement.

« Tant que, dans ces expériences, les résultats iront en croissant, le raisin restant intact d'ailleurs, c'est-à-dire ne se ridant pas et ne subissant aucune altération, quelle qu'elle soit, du fait de l'évaporation ou de la température, la maturité ne sera pas atteinte.

« Si, au contraire, pendant trois jours consécutifs le sucre reste stationnaire, le moment propice sera venu. »

Il est important que les cuves ne restent pas plusieurs jours avant d'être remplies ; il faut que la fermentation s'opère simultanément dans toute la cuvée.

En vendangeant, on fera mettre de côté les raisins imparfaitement mûrs, pourris, terreux ; on les fera fermenter à part après les avoir préalablement nettoyés.

On devra éviter de vendanger par un temps brumeux, humide, qui favorise la diffusion des ferments microbiens mauvais.

Il faudra toujours, pour faire du vin rouge, opérer un foulage très complet avant la mise en cuve.

Pour le vin blanc, le pressurage devra suivre immédiatement la récolte.

XXXV. De la vinification.

Il importe que tous les vaisseaux vinaires soient d'une propreté méticuleuse ; le rinçage à la vapeur est un moyen excellent, quand il est possible. Dans le cas contraire, on rince avec de l'eau bouillante dans laquelle on a fait infuser de la feuille de pêcher ; on laisse séjourner cette eau un certain temps ; puis on continue le rinçage à l'eau pure, en ayant bien soin de renouveler l'eau trois ou quatre fois.

Quand les raisins, bien foulés, ont été mis en cuve ou en foudre, on doit faire en sorte de retenir, au moyen de claies, les rafles dans le moût, afin que pendant la fermentation il n'y ait pas séparation du moût et de la rafle. Il faut aussi couvrir la cuve de terre glaise et de sable pour empêcher l'acétification du chapeau.

Avec cette pratique on obtient un vin parfait, bien plus coloré, plus fruité que celui qui provient de l'ancienne pratique dans laquelle on laissait le chapeau au jour et le moût séparé de la grappe.

On décuve quand la fermentation est terminée, environ une quinzaine de jours après la vendange.

Le décuvage doit s'opérer en des tonneaux francs de goût dans lesquels on aura préalablement fait brûler une mèche soufrée de quelques centimètres et passé, en remuant le fût, la valeur d'un demi-décilitre de bonne eau-de-vie de vin, bien franche de goût.

Il faut faire très souvent le plein des tonneaux ; rien n'est plus nuisible au vin que de se trouver en des tonneaux où il y a vidange.

Au printemps, on opère le premier soutirage.

Le vin blanc est mis en tonneau au sortir du pressoir ; il y bout, et, chaque jour, après avoir enlevé les impuretés qui sortent par la bonde, on fait le plein avec du moût conservé pour cet usage.

Quand la fermentation tumultueuse est achevée, on recouvre chaque bonde d'une feuille de vigne et de sable, jusqu'au moment où le vin est arrivé au complet repos. On fait alors de nouveau le plein et on bouche.

XXXVI. *Les maladies des vins (1)*.

La pousse se guérit par les moyens suivants : 1° le repassage du vin poussé sur le marc de la récolte suivante ; 2° soutirer en un fût fortement méché, adjoindre 1/2 litre de très bon alcool par hectolitre de vin, coller et laisser reposer ; un mois après, coller et soutirer pour enlever le goût de soufre ; 3° mettre de 10 à 15 grammes d'acide salycilique par pièce, agiter fortement, soutirer et coller.

Vin cassé. — Prendre par hectolitre 25 à 50 grammes de blanc d'Espagne et 50 à 100 grammes d'acide tartrique. Réduire le blanc d'Espagne en poudre, puis le mélanger avec du vin, de façon à faire une bouillie ; faire dissoudre l'acide tartrique également dans du vin. On verse d'abord le blanc d'Espagne, on agite un moment, on verse ensuite l'acide tartrique ; on agite à nouveau, et après sept ou huit jours de repos, on soutire.

Vin graisseux. — Quand le vin est sujet à la graisse, on évite cette maladie en y ajou-

---

(1) Les remèdes suivants sont empruntés à l'ouvrage de M. Bedel : *Les nouvelles méthodes de culture de la vigne*.

tant, au moment de la mise en fût, 20 à 40 grammes d'acide tartrique et autant de tanin par hectolitre. Quand la graisse a déjà paru, mettre les mêmes ingrédients et soumettre à un brassage énergique. puis soutirer.

Goût de terroir. — Le goût de terroir s'enlève par de fréquents soutirages précédés d'un collage à la gélatine ou aux blancs d'œufs, une semaine avant le soutirage.

Ensuite, adjoindre de 25 à 50 grammes d'acide citrique et de 5 à 10 grammes de tanin par 2 hectolitres.

On obtient aussi un remède énergique en mélangeant au vin, après le premier soutirage. par un fouettage énergique. 1/2 litre d'huile d'olive très bonne par tonneau. On laisse reposer, on enlève l'huile et on colle.

Ascescence. — On traite cette maladie : 1° par le tartrate neutre de potasse, à des doses variant de 50 à 250 grammes par pièce. Dès que le goût est à peu près passé. on soutire le vin dans un tonneau mêché et on y ajoute 1 ou 2 % d'alcool pour le remonter.

On peut aussi transvaser le vin piqué dans un fût préalablement mêché, après quoi on ajoute un litre de lait par pièce ; on soutire dans un autre fût mêché ; on vine à 2 % d'alcool et on ajoute de 5 à 8 grammes de tanin.

L'évent se guérit en repassant le vin atteint

: le marc des vendanges suivantes. Si on : peut pas faire ce repassage, on mélange le vin éventé avec une proportion plus ou moins forte de vin généreux dans lequel on aura introduit un demi-litre d'alcool par hectolitre. Si le goût persistait encore, on introduirait dans le tonneau plusieurs morceaux de charbon de bois bien sec qu'on tiendrait suspendus à des ficelles, afin de pouvoir les extraire facilement.

Lorsqu'on s'aperçoit que du vin a pris le goût de fût, il faut le soutirer dans un nouveau fût très propre et mêché, et verser ensuite par 2 hectolitres un litre de bonne huile d'olive ; on agitera énergiquement dans tous les sens, à plusieurs reprises, puis on laissera reposer. On enlèvera alors l'huile, soit en remplissant peu à peu le fût pour que l'huile qui surnage s'épanche par la bonde, soit en soutirant de nouveau jusqu'à l'apparition de l'huile.